Biologischer

PFLANZENSCHUTZ

blv garten *plus*

Marie-Luise Kreuter

Biologischer PFLANZENSCHUTZ

Schädlinge und Krankheiten naturgemäß abwehren

blv

Inhalt

Hilfe in der Not 55

Gesundheits-Service für Ihre Lieblingspflanzen 75

Bezugsquellen und Adressen 92

Einsicht in die natürlichen Zusammenhänge

»Wie kann ich mich gegen Schnecken, Läuse oder Kohlweißlinge wehren, ohne den Grundsätzen der naturgemäßen Methode untreu zu werden?« Diese etwas bange Frage beschäftigt viele Gärtner, die guten Willens sind, umweltfreundlich zu handeln, die aber ein wenig Angst vor den Folgen haben.

Oft wird ganz geradeheraus gefragt: »Wenn ich auf Gift verzichte, was hilft mir dann in Notsituationen? Gibt es überhaupt zuverlässige biologische Mittel gegen Schädlinge und Pflanzenkrankheiten?«
Auf solche Fragen möchte dieses Buch ganz konkrete Antworten geben. Für Anfänger, für Bio-Gärtner, die die schwierige Phase der Umstellung bewältigen müssen, und für erfahrene Praktiker bietet es eine Fülle von Rezepten und Präparaten auf natürlicher Grundlage an. Alte, bewährte Hausmittel sind darunter ebenso zu finden wie die neuesten Handelsprodukte.

◀ So abwechslungsreich und gesund wie in diesem Biogarten können Gemüse und Blumen auch bei Ihnen gedeihen!

Alte Erfahrungen – neue Erkenntnisse

Die Entwicklung ist auch auf dem Gebiet des naturgemäßen Gartens weit fortgeschritten. Es gibt heute bereits Bio-Präparate, die von der Biologischen Bundesanstalt geprüft und offiziell zugelassen sind. Um so wichtiger ist es, zuverlässige, solide Produkte und ihre Hersteller von solchen zu unterscheiden, die das »Zauberwort Bio« nicht zum Schutz der Natur, sondern vor allem zum schnelleren Wachstum ihres Kontos benutzen.
Die Tabelle »Käuflichen Bio-Pflanzenschutz« bietet dem Normalverbraucher dazu verlässliche Informationen. In diesem Buch finden Bio-Gärtner Tipps und praktische Ratschläge für alle Notsituationen des Gartenalltags. Ohne lange zu suchen, können Sie nachschlagen, was Sie gerade interessiert: Tomatenkrankheiten, Mittel gegen Schneckenplagen oder Pflanzenschutz bei Mehltau. Die wichtigsten Rezepte, finden Sie hier gesammelt, geordnet und auf einen Blick überschaubar. Sie können wählen zwischen altbewährten Erfahrungen aus Großmutters Garten und neusten wissenschaftlichen Erkenntnissen.

Die Larve der Florfliege ist ein tüchtiger »Blattlaus-Löwe«, wenn der Gärtner sie achtet und gewähren läßt.

Langfristig sorgt ein guter Bio-Gärtner für gesunde Pflanzen auf gesundem Boden. Kurzfristig kann er sich gegen Krankheiten oder Schädlinge im Garten erfolgreich wehren, ohne chemische Gifte einsetzen zu müssen. Dies ist keine Wunschvorstellung weltfremder Gartenträumer, sondern praxiserprobte Realität. Es funktioniert – die Natur ist auf Ihrer Seite, wenn Sie mit ihr zusammenarbeiten.

Sie werden dabei nicht allein gelassen. Dieses Buch möchte Ihnen praktische Antworten auf alle wichtigen Schädlingsfragen geben.
Biologischer Pflanzenschutz rettet Ihre Kulturen, ohne dass sie durch giftige Rückstände Schaden erleiden. Wenn Sie die wirksamen natürlichen Mittel benutzen, haben Sie es nicht mehr nötig, mit Kanonen auf Spatzen zu schießen.

Es sind vor allem positive Maßnahmen, die den Pflanzen ein gesundes Wachstum ermöglichen: naturgemäße Bodenpflege mit Kompost, Mulchen und Mischkulturen.

Kriegserklärung des Menschen

Seit sich das Leben auf der Erde entwickelte, gab es immer Starke und Schwache, Untergehende und Überlebende. Aber »Schädlinge« gibt es erst, seit die Menschen sesshaft wurden und vom Boden Besitz ergriffen. Lebewesen, die von den Früchten des Ackers oder des Gartens mitessen wollten, wurden zu »Feinden« erklärt und vertrieben.
Je stärker die Menschheit sich vermehrte, desto härter wurde dieser Konkurrenzkampf. Heute muss eine gewaltig angewachsene Erdbevölkerung von immer weniger Ackerland ernährt werden. Die Folge ist ein regelrechter Kreuzzug gegen alle Lebewesen, die die Ernte verringern, um ihren eigenen Hunger zu stillen.
Wer Schaden anrichtet an den Nahrungspflanzen der Menschen, über den ist das Todesurteil bereits gefällt: Er wird bekämpft, vergiftet, ausgerottet. Dabei gerät meist völlig in Vergessenheit, dass es »Schädlinge« im ökologischen System der Natur gar nicht gibt.
»Schädlinge« sind eine höchst egoistische Erfindung der Menschen.

Schädlinge sind auch nützlich

Alle Lebewesen, von der winzigen Bakterie bis zum Menschen, sind durch ein unsichtbares Netz wechselvoller Beziehungen miteinander verbunden. Nichts ist zufällig oder überflüssig. So spielt auch jeder Schädling eine nützliche Rolle. Besonders deutlich wird dies am Beispiel der Insekten. In relativ ungestörten Lebensräumen sind diese Tiere einem ausgewogenen Vermehrungsrhythmus unterworfen. Wenn sich in einem Jahr bestimmte Insekten explosionsartig vermehren, dann finden alle natürlichen Feinde einen überreich gedeckten Tisch vor. Die Vögel können zum Beispiel mehr Junge großziehen als gewöhnlich. Auch Marienkäfer, Schlupfwespen und Florfliegen gedeihen prächtig. Sie alle haben nichts Eiligeres zu tun, als den Bestand der Schädlinge zu verkleinern, um ihre eigenen Nachkommen zu vermehren. Im folgenden Jahr haben die Nützlinge die Oberhand gewonnen, aber sie finden weniger Nahrung vor und können sich nicht mehr so üppig vermehren wie im Vorjahr. Im dritten Jahr hat sich das Gleichgewicht zwischen »Schädlingen« und »Nützlingen« von selbst eingependelt. Danach beginnt das natürliche Schaukelspiel von neuem. Überall dort, wo Menschen hart und unbedacht in solche gewachsenen Systeme eingreifen, da verlieren die Schädlinge ihre nützliche Rolle. Wer versucht, die Läuse auszurotten, der entzieht vielen anderen Tieren die Lebensgrundlage. Damit vertreibt er selbst die zahllosen »Heinzelmännchen«, die ihm hilfreich zur Seite stehen.

Auch »Schädlinge« spielen eine wichtige Rolle im Netzwerk der Natur. Womit sollte diese Gartengrasmücke ihre Jungen füttern, wenn es weit und breit keine Läuse oder Raupen gäbe?

Aus der Sicht des Gärtners

Ein Gärtner ist kein Neandertaler, der die wilden Beeren und Wurzeln der Natur mit den Tieren teilte. Er möchte die Früchte seiner Mühen ernten. Er möchte möglichst prächtige Salatköpfe, dicke Tomaten und reichlich Erdbeeren großziehen. Gemüse und Obst aus dem eigenen Garten sollen die Familie gesund ernähren. Dennoch darf ein kluger Gärtner nie vergessen, dass auch er selbst mit all seinen Bemühungen ein Teil der Natur bleibt. Er darf den großen Zusammenhang nicht aus den Augen verlieren. Wo er eingreift, um seine Kulturpflanzen zu schützen, da sollte er stets behutsam handeln. Die zum Teil hochgezüchteten Gewächse des Gartens brauchen die Pflege des Menschen. Aber die »Schützenhilfe« des Gärtners darf nicht auf Kosten der Umwelt gehen. Augenmaß, Geduld und gute Beobachtung sind auf die Dauer erfolgreicher als zornige Keulenschläge. Einsicht in die natürlichen Zusammenhänge bewahrt deshalb vor kurzsichtigen Fehlentscheidungen.

Biologische Balance

Wer naturgemäß gärtnert, der kann sich bis zu einem gewissen Grad auf seine Bundesgenossen in der Natur verlassen. Eine ausgewogene ökologische Situation ist der beste Schutz gegen übermäßige Schädlingsvermehrung. Wo diese biologische Balance aus dem Gleichgewicht gerät, da können winzige

Setzen Sie auch die biologischen Spritzmittel nicht zu früh im Frühling ein. Die Entwicklung der Marienkäfer ist etwas langsamer als die der Läuse. Stören Sie jetzt nicht die Vermehrung der Nützlinge. Sie werden schon bald ihre Aufgabe erfüllen. Beobachtung und Geduld zahlen sich dann aus.

Wer im Einklang mit der Natur gärtnert, der kann sich auf unzählige Bundesgenossen verlassen und reiche Ernten in Frieden genießen. Gemüse und Gewissen sind unbelastet!

Eine natürliche Balance zwischen Nützlingen und Schädlingen ist das Ziel eines klugen Biogärtners. Sie hilft auch dem Apfelbaum, gesunde Früchte zu entwickeln.

Tiere plötzlich unerwartete Stärke beweisen. So wurde die Rote Spinne erst in dem Augenblick zum gefürchteten Obstbaumschädling, als der Mensch mit der Giftspritze eingriff. Eine nützliche Raubmilbenart, die sie bis dahin kurzgehalten hatte, wurde bei der Schädlingsbekämpfung ausgerottet. Ungewollte Folge: Die Rote Spinne konnte sich ungehindert vermehren.

Andere Insekten bilden im Lauf der Verfolgung besonders widerstandsfähige, resistente Rassen. Ihre »Bekämpfung« wird dadurch immer schwieriger.
Ein Bio-Gärtner sollte deshalb immer zuerst alle positiven Maßnahmen ergreifen, die die Wechselbeziehungen in der Natur stärken und fördern. Dazu gehören zum Beispiel der Schutz der Nützlinge und vielseitige Pflanzengemeinschaften. So stabilisiert er das biologische Gleichgewicht auch im begrenzten Lebensraum seines Gartens. Eingriffe sind dann nur noch selten nötig. Dabei heißt die Devise niemals: Schädlinge werden ausgerottet. Sie sollen nur in Grenzen gehalten, in ihre Schranken verwiesen werden. Einen kleinen Tribut an das allgemeine Leben muss auch der Gärtner zahlen. Im biologischen Garten gibt es deshalb keine Schädlingsbekämpfung, sondern nur Schädlingsabwehr.

auf einen blick

- Jeder Gärtner kann sich auch ohne Gift gegen Schädlinge und Krankheiten erfolgreich wehren.
- Schädlinge sind eine Erfindung des Menschen – erst beim Konkurrenzkampf um die Nahrungsmittel wurden manche Tiere zu »Feinden« erklärt.
- Alle Lebewesen, auch die Schädlinge, erfüllen eine nützliche Rolle im ökologischen Netzwerk.
- Ein Bio-Gärtner kann Schädlinge in Grenzen halten, ohne die Biologische Balance zu stören. Gute Ernten sind auch mit friedlichen Mitteln erreichbar!

Wer macht Pflanzen krank?

Wer kranken Pflanzen helfen möchte, der muss zunächst die richtige Diagnose stellen können. Lernen Sie also Ihre Widersacher kennen – dann können Sie sie besser einschätzen und sich viel sicherer gegen sie wehren.

Auch unter Läusen gibt es Spezialisten. Diese Rosenknospe wird von einer Invasion Großer Rosenblattläuse geplagt.

Schädliche Tiere

Meist sind es krabbelnde oder fliegende Kleintiere, die dem Gärtner und seinen Pflanzen zu schaffen machen. Davon gibt es einige hunderttausend Arten auf der Welt. Da sie aber alle auch eine positive Funktion im großen ökologischen Netz erfüllen, muss der Bio-Gärtner Nutzen und Schaden stets sorgfältig gegeneinander abwägen.

Insekten

Zu dieser umfangreichen, weitverbreiteten Gruppe gehören Blattläuse, Wanzen, Fliegen, Falter, Motten, Wespen, Mücken, Käfer, Ameisen und viele andere. Insekten durchlaufen in ihrem Leben oft verschiedene Entwicklungsstadien: Als Larven, Raupen oder Maden gehen sie gleichfalls eine Zeitlang auf Nahrungssuche. Aber gerade unter diesen Tieren gibt es einige sehr nützliche Arten, wie zum Beispiel Florfliegen, Schwebfliegen und Marienkäfer. Ihre ewig hungrigen Larven verspeisen große Mengen Blattläuse. Andere Insekten schädigen die Kulturpflanzen, indem sie Blätter, Blüten, Stengel oder Wurzeln anfressen oder aussaugen. Dabei übertragen sie manchmal auch Viruskrankheiten.

◀ Die Rote Wegschnecke gehört zu den ungebetenen Eindringlingen im Garten, die fast jeder aus eigener problemreicher Erfahrung kennt.

Milben

Die winzig kleinen 0,1–0,5 mm großen Milben, die meist nur mit einem Vergrößerungsglas erkennbar sind, gehören zu den Spinnentieren. Es gibt verschiedene Arten, unter ihnen zahlreiche Raubmilbenarten, die eine nützliche Rolle spielen und die Schadmilben in Grenzen halten. Die Gefährdung ist im Garten nicht allzu groß. Milben saugen Saft aus den Blättern der Pflanzen, so dass diese gelb werden und absterben. Weit verbreitet ist inzwischen die Obstbaumspinnmilbe oder Rote Spinne, die Obstgehölze heimsucht. Die Gemeine Spinnmilbe richtet vor allem Schäden an Bohnen, Gurken und Erdbeeren an. Giftspritzungen treffen meist die nützlichen Raubmilben härter als die

Bei Trockenheit breitet sich die Gemeine Spinnmilbe leicht aus. Die dicht eingesponnenen Gurkenblätter sind bereits schwer geschädigt.

Schadmilben. Solche Eingriffe stören die biologische Balance und vergrößern dadurch die Gefahr.

Nematoden

Diese winzigen Fadenwürmer werden auch Älchen genannt. Es gibt verschiedene Arten, zum Beispiel Blattälchen, Stängel- oder Stockälchen, wandernde Wurzelälchen und Wurzelgallenälchen. Sie leben im Boden und dringen von dort in Wurzeln, Stängel oder Blätter ein. Diese Pflanzenteile sterben dann ab. Besonders gefährdet sind Phlox, Chrysanthemen, Möhren, Kartoffeln und Erdbeeren.
Es gibt auch sehr nützliche Nematodenarten, die bei der Humusbildung eine wichtige Rolle spielen. Freunde des Gärtners sind auch die Räuberischen Nematoden, die zu den Nützlingen zählen. Unterschiedliche Arten töten die Larven von Dickmaulrüßlern, Maulwurfsgrillen und Trauermücken. Auch kleine Nacktschnecken werden angegriffen.

Wenn Stängelälchen in den Phlox eindringen, verursachen sie verkrüppelte Stängel und verkümmerte Blätter.

Weichtiere

Die weichhäutigen, schleimfeuchten Schnecken kennt jeder Gärtner. Von der Großen Wegschnecke über die Gehäuseschnecken bis zu den kleinen, bräunlich oder grau gefärbten Ackerschnecken gehören sie zu den gefräßigsten Tieren im Garten. **Schnecken** fressen vor allem junge zarte Aussaaten. Ganz besonders lieben sie Salat, Dahlien und Tagetes.

Wild lebende Säugetiere

Hasen, Kaninchen, Wühlmäuse, Mäuse und Ratten tauchen vor allem dort als Schädlinge auf, wo der Garten an Wiesen, Wald oder unbebaute Grundstücke grenzt. Kaninchen knabbern gern junges Gemüse oder zarte Nelken und Stiefmütterchen ab. Wirklich große Schäden können Wühlmäuse anrichten. Sie fressen an den Wurzeln von Gehölzen, Gemüse und Erdbeeren. Selbst größere Obstbäume können sie »umbringen«.

Der Sternrußtau an Rosenblättern ist eine weit verbreitete Pilzkrankheit, die vor allem bei nassem Wetter um sich greift.

Pilze

Pilze gehören zu den niederen Pflanzenformen, die ohne Blattgrün (Chlorophyll) leben. Die feinen Pilzfäden (Myzel) dringen in verschiedene Pflanzenteile ein und ernähren sich von ihrem »Wirt«. Manche Pflanzen bilden mit bestimmten Pilzen eine gut funktionierende Lebensgemeinschaft (Symbiose), von der beide profitieren. Auch im Boden spielen verschiedene Pilzarten eine außerordentlich nützliche Rolle bei der Humusbildung.
Schadpilze entwickeln sich vor allem oberirdisch an Blättern, Stängeln und Früchten der

Pflanzen. Sie dringen entweder von innen durch Wurzeln und Stängel oder von außen über Blätter und Früchte ein. Das Pilzgeflecht zerstört das Pflanzengewebe oder die Leitbahnen. Feuchtigkeit und stickige Wärme bieten den Pilzsporen besonders günstige Vermehrungsbedingungen. Weiches Pflanzengewebe, das durch übertriebene Stickstoffdüngung entsteht, ist besonders anfällig. Zu den im Garten verbreiteten Pilzkrankheiten gehört der Echte Mehltau, der als weißer Belag auf den Blättern erscheint. Rosen, Obstbäume und Gurken sind besonders gefährdet. Rosterkrankungen zeigen sich durch »rostige« Flecken auf Rosen-, Bohnen- oder Johannisbeerblättern. Grauschimmel an Erdbeeren, Kraut- und Knollenfäule an Kartoffeln und Tomaten zählen ebenfalls zu den Pilzkrankheiten.

Bakterien und Viren

Zu den winzigsten Lebewesen, die nur unter dem Elektronenmikroskop sichtbar werden, gehören die Bakterien. Innerhalb des Bodenlebens spielen sie eine wichtige, außerordentlich nützliche Rolle. Für Menschen und Pflanzen gehören

Die gelbgefleckten Blätter zeigen, dass die Pflanze vom Bohnenmosaik-Virus befallen ist. Überträger der Krankheit sind oft Blattläuse.

bestimmte Bakterien zu den Krankheitsüberträgern. Die Stängelfäule an Sämlingen und der Feuerbrand am Birnbaum zählen zu den Bakterienkrankheiten.
Noch winziger als Bakterien sind Viren. Diese immer noch rätselhaften Organismen gehören weder zu den Pflanzen noch zu den Tieren. Sie vermehren sich in den Zellen anderer Lebewesen.
Virusinfektionen zeigen sich oft als Missbildungen, »gelbsüchtige« Blätter oder mosaikartige Flecken. Viren wuchern in den Zellen der Pflanzen. Gegen beide Krankheitserreger gibt es keine wirksamen Spritzmittel.
Dies sind die großen Gruppen der schädlichen »Mitesser« oder gefährlichen Krankheitserreger, mit denen wir es im Garten zu tun haben. In den folgenden Kapiteln finden Sie vor allem eine Fülle vorbeugender, biologischer Maßnahmen; sie errichten so etwas wie einen unsichtbaren Schutzwall, der das Eindringen der »Feinde« verhindern soll.
Wenn es trotzdem einmal »brennt«, dann helfen natürliche Spritzbrühen, Kräuter-Tees, Stäubemittel, Fallen und viele andere Bio-Tipps. Die »Steckbriefe« der wichtigsten Schädlinge und Krankheiten finden Sie im Überblick ab Seite 69. Er soll Ihnen die Diagnose und die Wahl des richtigen »Heilmittels« erleichtern.

auf einen blick

- Ein kluger Gärtner sollte seine »Gegenspieler« genau kennen.
- Zu den Tieren, die den Pflanzen schaden, gehören zahlreiche Insekten, Milben, Nematoden, Schnecken und wild lebende Säugetiere wie zum Beispiel die Mäuse.
- Unterschiedliche Pilze lösen Krankheiten bei den Pflanzen aus, zum Beispiel Mehltau, Grauschimmel oder Rost.
- Auch durch spezielle Bakterien- oder Virusinfektionen können Blumen, Gemüse oder Obstgehölze erkranken.

Vorbeugen – ganz natürlich

Bodenpflege mit Kompost und Mulchdecken, Mischkulturen und die Wahl des richtigen Standortes sind die wichtigsten Voraussetzungen für gesundes Wachstum. Tiere und Pflanzen helfen dem Gärtner bei der Schädlingsabwehr, wenn er Lebensraum im Garten für sie bereithält.

Eine Hand voll Kompost wimmelt von nützlichen Bodenlebewesen. Diese lebendige Erde macht Pflanzen stark und widerstandsfähig.

Gesunde Pflanzen auf gesundem Boden

Pflanzen, die in gepflegtem, nährstoffreichem Humus groß werden, gedeihen kräftig und gesund. Ihr Wachstum entwickelt sich harmonisch; sie besitzen natürliche Widerstandskräfte gegenüber Schädlingen und Krankheiten.
Einer der wichtigsten Grundsätze des naturgemäßen Gartens lautet: Gesunde Pflanzen wachsen auf gesundem Boden. Es ergeht ihnen dabei ähnlich wie einem Menschen, der sich ausgewogen ernährt, vernünftig kleidet und an der frischen Luft abhärtet: Ein solcher Mensch ist zum Beispiel gegenüber Erkältungskrankheiten sehr widerstandsfähig. Wenn alle Welt hustet, wenn die Kollegen mit Grippe im Bett liegen, bleibt er gesund. Sein körperliches Abwehrsystem ist stark genug, um mit den überall »herumschwirrenden« Krankheitserregern fertig zu werden.
Im naturgemäßen Garten gehört deshalb die Humuspflege zu den wichtigsten vorbeugenden Maßnahmen gegen Krankheiten und Schädlinge. Lockere, nährstoffreiche, feuchte Erde ist die Grundlage von Fruchtbarkeit und Gesundheit.

◀ Auf dem Kompostplatz entsteht aus allen organischen Abfällen nahrhafter Humus – der Wurzelgrund für gesundes Pflanzenwachstum.

Nichts geht ohne Kompost

Um diesen Idealzustand von Boden und Pflanzenleben zu erreichen, stellen Bio-Gärtner Kompost her. Kein naturgemäßer Garten kann auf die Dauer ohne die regelmäßige Versorgung mit dieser »Supererde« funktionieren. Kompost erneuert und vermehrt die Humusschicht. Er sorgt für ständigen Nachschub von Nährstoffen und Spurenelementen. Vor allem aber belebt er die Gartenerde mit Mikroorganismen und kleinen Bodentieren, die für den Aufbau von Humus unentbehrlich sind.
Die Methoden der Kompostherstellung sind inzwischen so sehr verbessert und weiterentwickelt worden, dass es jedem Gärtner möglich ist, seine organischen Abfälle wieder in Erde zu verwandeln. In Mieten, Silos oder geschlossenen Thermokompostern entsteht Komposterde innerhalb von 5–9 Monaten. Für jede Gartengröße gibt es also eine passende Kompostierungsmethode.
Der Kompostplatz ist nicht nur das Herzstück jedes Bio-Gartens, er ist auch der Beginn jeder naturgemäßen Krankheits-Abwehr.

Sammeln Sie außer den organischen Abfällen des Gartens auch im Haushalt Material für den Kompost: Verwelkte Blumensträuße, Obst-, Gemüse- und Tee-Reste eignen sich ebenso wie Kaffeesatz und Hundehaare.

Spätestens nach einem Jahr haben sich alle Abfälle in Erde verwandelt. Dann wird der kostbare Humus auf die Beete verteilt.

Mulch – der Vielzweckmantel für Mutter Erde

Zur Bodenpflege gehört auch die Abdeckung mit Mulchmaterial. Die Erde sollte in einem biologischen Garten niemals nackt und schutzlos den Elementen ausgeliefert sein. Sonne und Wind trocknen sie aus. Heftige Regengüsse zerschlagen die lockere Krümelstruktur.
Wo der Boden ständig mit einer luftigen Schicht aus organischem Material zugedeckt wird, da bleibt die Erde stets locker, feucht und warm. Die Bodenlebewesen der Humusschicht fressen diese zerfallenden Substanzen langsam auf und wandeln sie in Erde um. So wächst ständig neuer, nährstoffreicher Humus nach. Die Mulchdecke ist im Grunde eine einfache Kompostierungsmethode an Ort und Stelle. Zur Bodenabdeckung eignen sich unter anderem Grasschnitt, Laub, kleingeschnittenes Unkraut, abgemähte Gründüngungspflanzen und grober Kompost.

Natürliche Zusatznahrung

Die regelmäßige Versorgung mit Kompost bedeutet für den Bio-Garten eine harmonische Grunddüngung. Zusätzliche

Lassen Sie Ihren Rasenschnitt leicht anwelken, dann können Sie ihn als lockere Mulchdecke zwischen die Pflanzen streuen.

Nährstoffe sollten nur gezielt dort eingesetzt werden, wo sie wirklich gebraucht werden. Sehr magere oder ausgelaugte Böden benötigen eine Zeit lang Düngernachschub. Auch stark zehrende Gemüsepflanzen oder Blumen, die eine besonders üppige Blütenfülle entwickeln, sind für zusätzliches »Kraftfutter« dankbar. Für solche Zwecke werden im naturgemäßen Garten organische Dünger verwendet. Dazu gehören frischer oder getrockneter Tiermist, Hornspäne, Rizinusschrot, Algendünger, Holzasche, Brennnessel-Jauche und Gründüngungspflanzen. Es gibt auch rein pflanzliche Dünger, die aus Traubentrester oder Malz hergestellt werden.

Wichtig für die Gesundheit der Pflanzen ist eine harmonische Mischung der Hauptnährstoffe, die das Wachstum fördern, aber nicht zu heftig antreiben. Eine starke, einseitige Stickstoffdüngung erzeugt zum Beispiel weiches, wasserreiches Gewebe. Solche Pflanzen sind besonders anfällig für Schädlinge. So bevorzugen zum Beipiel Läuse schwammige, kränkliche Blätter, während sie um festes Pflanzengewebe oft einen Bogen machen.

Die Gefahr der Überdüngung ist bei synthetischen Salzen, die sich rasch auflösen und sofort von den Pflanzen aufgenommen werden, größer. Viele organische Dünger dagegen durchlaufen im Boden zuerst einen Umsetzungsprozess. Erst danach stehen sie den Wurzeln als pflanzengerechte »Nährbrühe« zur Verfügung. Diese Art der Nahrung bleibt in der Erde längere Zeit als Vorrat gelagert. Die Pflanzen können sich nach Bedarf bedienen. Sie »überfressen« sich nicht.

Dennoch kann man auch mit einigen Naturdüngern des Guten zuviel tun und dadurch geiles Wachstum erzeugen. Diese Gefahr besteht zum Beispiel bei hitzigen, rasch wirkenden Geflügeldüngern. Merken Sie sich als

Aus Brennnesseln und Beinwell entsteht eine stickstoffreiche Jauche. Diesen Flüssigdünger liefert die Natur kostenlos.

Grundsatz: Gesunde Pflanzen sollen keinen »Wohlstandsbauch« haben. Eine ausreichende, harmonische Ernährung ist besser als Völlerei. Bei sinnvoller Anwendung legen Kompost, Mulchdecken und vernünftige Ernährung die Grundlagen für ein gesundes, kräftiges Pflanzenwachstum.

Gute Nachbarschaft macht stark

Einen wichtigen Einfluss auf die Gesundheit der Pflanzen üben auch die richtigen Nachbarschaftsverhältnisse aus. Es gibt Gemüsearten, die sich »nicht grün« sind. Sie gedeihen kümmerlich oder kränkeln, wenn sie dicht nebeneinander gesetzt werden. Andere Pflanzen üben einen positiven Einfluss aufeinander aus. Sie fördern sich gegenseitig im Wachstum, steigern das Aroma oder halten sich sogar Schädlinge »vom Leib«. Das Wissen von den guten oder schlechten Nachbarschaften der Gartenpflanzen beruht auf jahrzehntelangen Beobachtungen biologischer Gärtner. Wissenschaftliche Untersuchungen zeigen, dass wahrscheinlich Wurzelausscheidungen und Düfte eine wichtige Rolle spielen bei den Einflüssen, die Gemüse, Obst und Blumen aufeinander ausüben. Auf diesem interessanten Gebiet ist noch viel Raum für neue Beobachtungen und eigene Experimente.

Es gibt viele gute Nachbarschafts-Empfehlungen, die sich seit Generationen bewährt haben. Trotzdem lohnt es sich, eigene Experimente zu wagen. Probieren Sie neue Kombinationen aus, und beobachten Sie genau, wie die Pflanzen gedeihen. So gewinnen Sie wertvolle Erfahrungen und lernen die Natur immer besser kennen

Kohlrabi und Salat bilden eine bewährte Frühlings-Mischkultur. Gute Nachbarschaften fördern gesundes Wachstum und beugen bereits mancher Krankheit vor.

Mischkulturen fördern gesundes Wachstum

Die Erfahrungen mit den günstigen Nachbarschaftsverhältnissen der Pflanzen werden in den Mischkulturen praktisch angewendet. Diese Methode haben biologische Gärtner der Natur abgeschaut: In der freien Landschaft finden sich stets von selbst bestimmte Pflanzengemeinschaften zusammen; sie sind den Lebensbedingungen ihres Standortes angepasst und ergänzen sich untereinander gut. So entsteht im Wald oder am Wiesenrand eine lebensstarke grüne Nachbarschaft. Im Garten muss der Mensch diese Auswahl treffen. Je besser die Kulturpflanzen zueinander passen, desto gesünder entwickeln sie sich auch. Auf einem Gemüsebeet sollen sich die verschiedenen Arten sowohl ober- als auch unterirdisch gut ergänzen. Weder im Wurzelraum noch mit den Blättern dürfen sie sich bedrängen.

Geschickt angelegte Mischkulturen profitieren – ähnlich wie in der Natur – von den Vorteilen einer harmonischen Gemeinschaft: Sie bilden mit der Zeit eine dichte grüne Decke über dem Beet. Dadurch entsteht die »pflanzenfreundliche« Schattengare. Der Boden bleibt länger feucht, locker und warm. Wenn zusätzlich zwischen den Reihen gemulcht wird, dann braucht der Bio-Gärtner im Sommer weniger zu gießen und zu hacken. Auch das Unkraut wird unterdrückt. Die Pflanzen gedeihen auf solchen Beeten besonders üppig und gesund. Zur vorbeugenden Schädlings- und Krankheitsabwehr sollten Sie sich außer den allgemeinen Grundsätzen der Mischkultur einige besonders günstige Kombinationen merken.

Gute Nachbarschaften

- Buschbohnen – Kohl
- Buschbohnen – Rote Bete
- Erbsen – Gurken
- Erbsen – Salat
- Erdbeeren – Zwiebeln
- Erdbeeren – Knoblauch
- Karotten (frühe) – Zwiebeln
- Möhren (späte) – Lauch
- Kartoffeln – Kohl
- Kartoffeln – Spinat
- Salat – Kohlrabi – Radieschen – Kresse
- Tomaten – Kohl
- Tomaten – Sellerie
- Tomaten – Petersilie

Einige Pflanzen verhalten sich untereinander neutral. Nur wenige Gewächse »ärgern sich krank«, wenn sie auf engem Raum miteinander leben müssen. Diese negativen Beispiele sollten Sie sich einprägen, um ungesunde Folgen zu vermeiden.

Schlechte Nachbarschaften

- Bohnen – Erbsen
- Buschbohnen – Zwiebeln
- Kartoffeln – Sellerie
- Kartoffeln – Sonnenblumen
- Kohl – Zwiebeln
- Kohl – Senfsaat
- Kohl – Erdbeeren
- Salat – Petersilie
- Tomaten – Fenchel
- Tomaten – Kartoffeln

Andere Pflanzenkombinationen helfen direkt gegen Schädlinge oder Krankheiten (siehe Seite 30).

Die richtige Pflanze am richtigen Platz

Die stillen Geschöpfe des Pflanzenreiches können sich weder bewegen noch beklagen. Sie sind darauf angewiesen, dass der Gärtner ihre Wurzeln an einem günstigen Platz in die Erde senkt. Er sollte sich dabei stets bewusst sein, dass der Entschluss, eine Rose an diesen oder einen Johannisbeerstrauch an jenen Standort zu pflanzen, Folgen durch gesundes oder kümmerliches Wachstum zeigen wird.

So werden sonnenhungrige Gewächse in dunklen, engen Gartenecken immer kränkeln. Viele Schädlinge aber sind Schwächeparasiten, die an »unterentwickelten« Blättern mühelos Angriffsflächen entdecken. Versuchen Sie also immer, die richtige Pflanze an den richtigen Platz zu setzen. Achten Sie darauf, ob sie Sonne oder Schatten, Trockenheit oder Feuchtigkeit liebt. Auch durch die Wahl widerstandsfähiger, krankheitsresistenter Sorten beugen Sie bereits manchem Übel vor. Das Klima und die Bodenverhältnisse Ihres Gartens üben einen Einfluss auf das Wachstum der

Wählen Sie Ihre Pflanzen so aus, dass sie zum Boden und zum Klima Ihres Gartens passen. Rosenhochstämmchen brauchen viel Sonne, sie reagieren empfindlich auf strengen Frost. Pflanzen Sie sie nicht in rauhen Lagen!

Kaufen Sie Gehölze und Stauden möglichst aus Gärtnereien, die in Ihrer Nähe liegen. Die Pflanzen sind dann bereits gut an das Klima angepasst, das sie auch in Ihrem Garten vorfinden.

Pflanzen aus, dem sie nicht entgehen können. Deshalb ist es klüger, nur solche Gewächse anzusiedeln, die unter den örtlichen Verhältnissen am besten gedeihen.

Kluge Pflanzenwahl bewahrt vor Enttäuschungen

In rauhen Landschaften mit langen, kalten Wintern sollten Sie zum Beispiel lieber auf empfindliche Hochstammrosen verzichten. Robuste Strauch- oder Wildrosen bereiten Ihnen hier dauerhaftere Freude. Sie wachsen unkomplizierter und gesünder. Apfelbäume gedeihen in feuchten Lagen gut; an trockenen Südhängen sind sie dagegen krankheitsanfällig. Die meisten Gewürzpflanzen bleiben von Schädlingen unberührt, wenn sie an sonnigen, trockenen Standorten stehen. Diese Beispiele sollen Ihnen als Anregung dienen. Ähnliche Überlegungen müssen Sie bei jeder Pflanze beachten.

Die vorbeugenden Maßnahmen zur Schädlingsabwehr im biologischen Garten beruhen zum größten Teil auf guter Naturbeobachtung. Es sind positive Handlungen, die auch positive Folgen nach sich ziehen. Negativ – mit Gewalt – kann ein Gärtner eigentlich nur dann reagieren, wenn er die Situation nicht durchschaut oder wenn er selber schwere Fehler gemacht hat. Beugen Sie also rechtzeitig und friedlich möglichen Schäden vor, dann haben Sie es nicht nötig, später zornig zurückzuschlagen.

Tiere als Gärtner-Gehilfen

Wenn Sie in Ihrem Garten mit der Natur zusammenarbeiten möchten, dann müssen Sie Einblick gewinnen in die vielfältigen Wechselbeziehungen, die das ökologische Netz bilden. Überall herrscht das Gesetz von »Fressen und Gefressenwerden«. Nur dort, wo die biologische Balance durch einseitige Eingriffe gestört wurde, nehmen die »Fresser« überhand.

Als guter Bio-Gärtner sollten Sie Ihre natürlichen Bundesgenossen unter den Tieren genau kennen. Denn nur, wenn Sie sie von

Igel bleiben gern in Ihrem Garten, wenn Sie den Tieren ungestörte Ecken zum Nestbau überlassen. Sie machen sich sehr nützlich bei der Jagd auf Schnecken und Raupen.

Diese Spitzmaus hat eine Schnecke erbeutet und frisst sie auf. Jeder Biogärtner sollte diese nützlichen Mäuse kennen und ihnen in seinem Garten Lebensraum gewähren.

»Schädlingen« unterscheiden können, ist es Ihnen möglich, die »Nützlinge« zu schützen und vor unbedachter Verfolgung zu bewahren.
Unter den »natürlichen Feinden« von Läusen, Schnecken oder Milben gibt es viele Tiere, die die Menschen als hässlich oder eklig empfinden. Nur allzu oft werden Kröten, Spitzmäuse oder Schlupfwespenlarven in einer solchen gefühlsmäßigen Abwehrreaktion erschlagen. Der Gärtner bringt sich damit selbst um wichtige, kostenlos tätige Mitarbeiter. Wenn Sie diese Tiere näher kennenlernen, werden Sie sie auch achten und als Geschöpfe akzeptieren, die das Leben in Ihrem Garten lebendiger, reicher und gesünder machen. Dabei sollen Ihnen die folgenden kurzen Porträts helfen. Beachten Sie vor allem die Abbildungen der oft unbekannten Larven !

Nützliche Säugetiere

- **Igel** Die Igel sind bei den meisten Menschen beliebt. Bei Gefahr rollen sie sich zu unangreifbaren Stachelkugeln zusammen. Nachts geht die ganze Igelfamilie auf Jagd. Sie fangen Schnecken, Engerlinge, Würmer, Raupen, Mäuse und andere kleine Wirbeltiere. Ein paar Äpfel oder Erdbeeren sollten Sie ihnen dafür zum Nachtisch gönnen.
Igel können Sie mit ein wenig Glück im Garten heimisch machen, wenn Sie in einer ungestörten Ecke, möglichst unter Sträuchern, Laub und Äste aufhäufen. In einem solchen Hügel können die Stacheltiere ihren Winterschlaf halten und ein Nest für die Jungen bauen. Schneckenkorn und giftige Insektizide gefährden die Igel!

- **Maulwürfe** Die halb blinden Wühler mit dem samtigen schwarzen oder graubraunen Fell und den schaufelartigen Grabepfoten sind sehr nützlich. Maulwurfshügel können zwar lästig werden im Rasen und vor allem im Gemüsebeet; dies ist aber kein Grund, die Tiere zu töten. Notfalls können Sie die unter Naturschutz stehenden Maulwürfe aus dem Garten vergraulen, indem Sie stark riechende Substanzen wie Thujazweige oder Nussbaumblätter in die Gänge legen.
Maulwürfe fressen Würmer, Insekten, Larven, Puppen, Engerlinge und Nacktschnecken. Sie räumen sogar Wühlmausnester aus! Ihr Nahrungsbedarf ist groß, weil sie täglich so viel fressen müssen, wie sie selber wiegen.

- **Spitzmäuse** Diese »hässlichen« Mäuse verdienen die Achtung des Gärtners. Sie erkennen die Tiere an einem spitzen, langgezogenen Rüsselschnäuzchen und an einem kurzen Schwanz. Katzen beißen sie tot, lassen sie dann aber wegen ihres unangenehmen Moschusgeruchs liegen. Spitzmäuse richten keinerlei Schäden an den Pflanzen an. Sie graben auch keine Gänge, sondern leben in Erdlöchern und anderen natürlichen Verstecken. Nachts fangen sie große Mengen Schnecken, Insekten und Larven.

Vergessen Sie nicht, die Nistkästen für Ihre gefiederten Gartenhelfer im Frühling zu säubern, damit die Vögel gesund bleiben.

Nützliche Vögel

Die gefiederten Mitbewohner unserer Gärten haben es größtenteils leicht, die Herzen der Menschen zu gewinnen. Sie sehen hübsch aus und erfreuen ihre Umgebung mit Gesängen und fröhlichem Gezwitscher. Nur Amseln, Stare und Spatzen bereiten manchmal im Garten Ärger, wenn sie Beete aufscharren und kleine Pflanzen oder Samenkörner herauspicken. Diese Vögel, die sich in unserer zivilisierten Welt massenhaft vermehrt haben, sind auch in der Lage, ganze Kirschbäume zu plündern.
Gegen solche Schäden kann sich ein Bio-Gärtner aber wehren, ohne die Tiere umzubringen. Vogelschutznetze und blinkende Alustreifen hindern sie zum Beispiel daran, die Obsternte für sich allein zu beanspruchen.
Im Übrigen sind alle Vögel, auch diese von der Umwelt etwas verdorbenen »Halbstarken«, sehr nützliche Schädlingsvertilger. Sie fangen Würmer und Insekten samt ihren Puppen- und Larvenformen. Einige fressen auch Unkrautsamen. Vor allem während der Brutzeit sind sie unermüdlich auf Nahrungssuche unterwegs. Ein Meisenpärchen schleppt zum Beispiel in einem Sommer kiloweise Raupen ins Nest. Zu den Freunden des Gärtners gehören auch Rotkehlchen, Rotschwänzchen, Finken, Zaunkönige, Baumläufer, Kleiber und viele andere.

Nistplätze und Futter für gefiederte Helfer

Vögel können Sie im Garten heimisch machen. Dann richten sie dort auch ihr »Jagdrevier« ein. Für Höhlenbrüter wie Meisen und Rotschwänzchen hängen Sie Nistkästen auf. Die Fluglöcher sollen immer nach Südosten gerichtet sein. Bevor es Frühling wird und eine neue Brutzeit beginnt, müssen die Kästen regelmäßig gereinigt werden.
Für frei brütende Vögel wie zum Beispiel Rotkehlchen, Finken und Zaunkönige sollten im naturgemäßen Garten möglichst ungestörte Hecken gepflanzt werden. Dazu eignen sich unter anderem Weißdorn, Strauchrosen, Berberitzen, Kornelkirschen und viele blühende Ziersträucher. Darunter bleiben Laub und Zweige liegen. Vogeltränken im Sommer und Futterplätze im Winter helfen ebenfalls mit, gute Lebensbedingungen für die Vögel im Garten zu schaffen.

Nützliche Kriechtiere

- **Blindschleichen** Die graubraunen, schlangenförmigen Tiere gehören nicht zu den Schlangen, sondern zu den Echsen. Gärtner sollten sich nicht vor ihnen fürchten, denn Blindschleichen tun niemand etwas zu Leide. Sie lieben feuchtes Gelände und Kompostplätze. Nachts fangen sie Nacktschnecken, Würmer und Insekten.

- **Zauneidechsen** Diese bekannten kleinen Echsen leben an trockenen, warmen Stellen. Sie lieben alte Mauern. Auf dem Rücken tragen Eidechsen ein geflecktes Band. Im Frühling prunken die Männchen mit leuchtend grünen Flanken. Die Weibchen legen Eier in die Erde. Schützen Sie sowohl die Eidechsen als auch die Gelege. Die Tiere fressen Nacktschnecken, Insekten, Raupen und Würmer.

Die Zauneidechse sonnt sich gern auf warmen Steinen. Mit einer Trockenmauer können Sie sie in den Garten locken.

Nützliche Lurche

- **Erdkröten** und **Grasfrösche** Die braun gefärbte Erdkröte ist mit Warzen bedeckt. Sie besitzt ausdrucksvolle Goldaugen. Den Grasfrosch erkennen Sie am bräunlichen Rücken und am hellen Bauch. Beide Tiere brauchen Wasser zum Laichen und feuchte Ufer, möglichst mit Sumpfpflanzen, zwischen denen sie sich verstecken können.
  Leider ekeln sich viele Menschen vor diesen Lurchen mit der feuchten, warzigen Haut. Bio-Gärtner sollten deshalb für Verständnis werben. Wer die Tiere in Ruhe beobachtet, der wird sicher auch ihre interessanten und schönen Seiten entdecken. Ein kleiner Teich oder ein »Feuchtgebiet« im Garten bietet dazu Gelegenheit.

Am Tag verstecken sich die Erdkröten in hohlen Baumstümpfen oder unter Laub und Reisig. Nachts gehen sie auf die Jagd.

Erdkröten und Grasfrösche räumen unter den Nacktschnecken auf und fressen außerdem Würmer und Insekten. Die »Nackthäuter« sind sehr empfindlich gegenüber Giftspritzungen!

Nützliche Insekten

- **Florfliegen** Diese durchsichtig geflügelten Schönheiten bezaubern durch goldene Märchenaugen. Die Tiere werden auch Blattlauslöwen oder Goldaugen genannt. Sie ernähren sich von Honigtau und Wasser, aber auch von

Die zarten Florfliegen verspeisen nur gelegentlich ein paar Läuse. Aber ihre Larven zählen zu den erfolgreichsten Blattlaus-Jägern.

Läusen. Die Larven der Florfliegen sind dagegen gefräßige Räuber. Sie schlüpfen aus Eiern, die an Stielen unter Blättern und Ästen befestigt sind. Eine einzige Florfliegenlarve frisst 200–500 Schädlinge. Dazu gehören Blattläuse, Spinnmilben, Schild- und Blutläuse. Erwachsene Florfliegen überwintern in Speichern oder Gartenhäuschen!

- **Marienkäfer** Außer den roten Käfern mit den schwarzen Punkten gibt es auch gelbe und andersfarbige Arten. Die Larven sind graublau gefärbt und gelb gepunktet. Die erwachsenen Käfer und ihre Larven verzehren große Mengen Blattläuse. Wer mit Gift gegen die Läuse vorgeht, der trifft auch die nützlichen Marienkäfer.

Der schöne, schillernde Goldlaufkäfer hilft Ihnen bei der Schädlingsabwehr. Er frisst Schnecken, Raupen und Würmer.

Dieser Siebenpunkt-Marienkäfer kann bis zu 150 Blattläuse am Tag vertilgen – wenn der Gärtner ihn in Ruhe ungestört leben und »arbeiten« lässt.

Prägen Sie sich das Aussehen der Marienkäfer-Larve gut ein, damit Sie nicht aus Versehen diesen Läusefresser vertreiben.

- **Laufkäfer** Goldlaufkäfer, Gartenlaufkäfer und Puppenräuber gehören in diese Gruppe. Sie erkennen sie an langen, kräftigen Beinen und festen Flügeldecken, die bei einigen Arten grünlich oder goldfarbig schimmern. Die Käfer und ihre Larven jagen Puppen, Raupen, Würmer, Kartoffelkäfer-Larven und Schnecken.

Dieser Ohrwurm ist gerade mit der Läusejagd beschäftigt. Auf seinem Speiseplan stehen aber auch andere Insekten.

Im Sommer verstecken sich die Ohrwürmer gern in solchen Töpfen. Im Herbst graben sie sich kleine Erdhöhlen für den Nachwuchs.

Kluge Gärtner locken die Ohrwürmer dort hin, wo sie sich nützlich machen sollen: zum Beispiel in läusegeplagte Obstbäume. Zu diesem Zweck werden Ton-Blumentöpfe mit Holzwolle oder Heu locker gefüllt. Durch das Loch am Boden wird ein Draht gezogen; am unteren Ende biegt man ihn zu einer Spirale. Dadurch bekommt er festen Halt. Diese Töpfe hängen Bio-Gärtner nahe an einem Ast kopfunter in die Bäume. In den schützenden Gehäusen verkriechen sich die Ohrwürmer tagsüber. Nachts gehen sie dann an Ort und Stelle auf Läusejagd.

- **Ohrwürmer** Die braunen Ohrwürmer kneifen mit ihren kleinen Zangen niemals in Menschenohren!
  Kein Gärtner braucht sich vor ihnen zu fürchten. Im Gegenteil: Die Tiere gehören zu den eifrigen Räubern, die nachts Läuse und andere Insekten jagen. Ab und zu »vergreifen« sich Ohrwürmer auch an Blumenknospen.

- **Schlupfwespen** Es gibt viele unterschiedliche Arten. Die kleinen, nur 0,5–30 mm langen Insekten haben dunkle, glänzende Körper, schimmernde Flügel und eine »Wespentaille«. Mit Hilfe eines langen Legestachels bohren sie ihre Eier in lebende Blattläuse oder Kohlweißlingsraupen. Die Larven fressen ihren Wirt später von innen auf. Eine einzige Schlupfwespe kann 200–1 000 Läuse auf diese Weise umbringen. Bio-Gärtner sollten im Herbst auf die Blattlaus-Mumien achten, in denen überwinternde Schlupfwespenlarven verborgen sind. Gehölzschnitt nicht verbrennen!

- **Schwebfliegen** Diese Insekten ähneln mit ihrem schwarzgelb gestreiften Leib den Wespen. Sie sind aber kleiner, schlanker und harmlos, weil

Schlupfwespen erkennen Sie an der dünnen »Wespentaille«, Sie legen ihre Eier in lebende Opfer, zum Beispiel in Kohlweißlingsraupen.

Diese Schwebfliege wurde von den Doldenblüten der Pastinake in den Garten gelockt. Ihre Larven fressen große Mengen Blattläuse.

Raubwanzen sind tüchtige Gartenhelfer. Diese Schildwanze saugt gerade eine Kartoffelkäfer-Larve aus.

sie nicht stechen können. Am besten erkennen Sie die Tiere am schnellen, geräuschlosen Flug. Sie bewegen ihre Flügel so rasch, dass sie in der Luft zu stehen scheinen.
Schwebfliegen legen ihre Eier mitten in Blattlauskolonien ab. Die ausschlüpfenden Larven gleichen weißgelblichen Maden. Sie fressen große Mengen Läuse. Bio-Gärtner sollten darauf achten, dass diese nützlichen Insekten nicht aus Unkenntnis für Wespen gehalten und deshalb verfolgt werden.
Mit einem reichblühenden Garten, der vor allem Doldenblütler und gelbe Korbblütler enthält, können Sie Schwebfliegen in Ihren Garten locken. Blühenden Fenchel, Dill und Wilde Möhren lieben die nützlichen Insekten besonders.

- **Wanzen** Unter den zahlreichen Wanzenarten gibt es viele nützliche Raubwanzen. Sie ernähren sich von Spinnmilben, Blattläusen und kleinen Raupen. Diese Tiere spielen eine wichtige Rolle im Auf und Ab zwischen »Nützlingen« und »Schädlingen«.
Raubwanzen erwachen schon früh aus dem Winterschlaf und suchen bereits im zeitigen

Die Vergrößerung zeigt, wie eine Raubmilbe eine Spinnmilbe (Rote Spinne) überfällt.

Frühling die Bäume nach Läusen und Milbeneiern ab. Spritzungen zu diesem Zeitpunkt wären sehr schädlich.

Nützliche Spinnentiere

- **Spinnen** Zu den Tieren mit den langen Spinnenbeinen gehören unter anderen Kreuzspinnen, Springspinnen und Wolfsspinnen. Wer naturgemäß gärtnert und seine Pflanzen vor Schaden bewahren möchte, der darf sich vor diesen »Krabbeltieren« nicht fürchten. Spinnen gehören auf der ganzen Welt zu den erfolgreichsten Schädlingsjägern. Sie fangen Fliegen, Falter, Käfer, Raupen, Wanzen, Milben, Läuse und viele andere Insekten.

- **Raubmilben** Die winzigen, nur 0,5 mm großen Tiere gehören auch zu den Spinnentieren. Es gibt unterschiedliche Arten. Im Gegensatz zu den schädlichen Spinnmilben scheiden sie kein Gespinst aus. Raubmilben jagen unter anderem die Rote Spinne und andere Spinnmilbenarten, außerdem Blattläuse und kleine Raupen.

Räuberische Nematoden

Im Boden ist eine Vielzahl sehr unterschiedlicher Nematodenarten verbreitet. Diese winzigen Lebewesen werden auch Älchen oder Fadenwürmer genannt, weil sie eine fadenförmige Gestalt haben und sich schlängelnd wie ein Aal fortbewegen. Es gibt Älchen, die den Pflanzen schaden, wie zum Beispiel die Stängelälchen, die mit Vorliebe den Phlox überfallen. Andere Arten gehören zu den Freunden des Gärtners. Es sind räuberische Nematoden, die in Insektenlarven eindringen und ihren unfreiwilligen Wirt mit tödlichen Bakterien infizieren. Räuberische Nematoden sind hoch spezialisiert, die eine Art auf Dickmaulrüßler, andere auf Maulwurfsgrillen, Trauermücken oder kleine Nacktschnecken.

Nützlinge, die auf Bestellung kommen

Wichtige Nützlinge werden bereits gezüchtet und im Handel verkauft. Per Post gehen zum Beispiel die Larven von Florfliegen, Schlupfwespen, Australischen Marienkäfern, Räuberischen Gallmücken und Raubmilben auf die Reise. Ihr Einsatzgebiet sind aber vor allem Gewächshäuser, Wintergärten und Blumenfenster. Trichogramma-Schlupfwespen werden auch im Freiland eingesetzt, um die Vermehrung von Apfel- und Pflaumenwicklern einzudämmen.
Räuberische Nematoden können direkt im Garten »ausgesetzt« werden. Sie gelangen in Dauerlarvenform in den Handel. Der Gärtner löst das Substrat im Wasser auf und gießt es über die Erde. Im feuchten Element erwachen die Fadenwürmer wieder zum Leben und werden aktiv.
Die Nützlinge können im Gartenfachhandel über vorbereitete Bestellgutscheine gekauft werden. Sie werden dann vom Hersteller an die Adresse des Käufers geschickt. Bei einigen Züchtern kann man auch direkt bestellen. Spezialfirmen bieten Nützlinge in ihren Katalogen an. Adressen von Nützlings-Anbietern finden Sie im Anhang bei den Bezugsquellen.

Raubmilben werden meist auf Bohnenblättern gezüchtet und in solchen Kunststoffkästchen per Post verschickt.

Käufliche Schlupfwespen (oben, als Eier auf Kärtchen) helfen gegen Weiße Fliegen in Gewächshäusern. Sie legen ihre Eier auch in lebenden Blattläusen ab (unten).

Lebensraum für lebendige Vielfalt

Bio-Gärtner können durch kluge Planung viel dazu beitragen, dass möglichst zahlreiche natürliche Bundesgenossen im Garten heimisch werden. Sie nehmen den Menschen die »schmutzige Arbeit« ab. Wo Igel, Vögel, Marienkäfer und Ohrwürmer »Schädlinge« vertilgen, da braucht der Mensch nicht »zuzuschlagen«.
Schützende Hecken und kleine unaufgeräumte Ecken im Garten bieten vielen Tieren Lebensraum. Einige aufeinander geschichtete Steine, ein Reisig- und Laubhaufen unter einem Strauch und ein Wasserbecken mit sumpfigen Ufern locken Ringelnattern, Igel, Kröten und Frösche an. Außer dem praktischen Nutzen bei der Schädlingsabwehr bieten solche Inseln im Garten auch eine große Bereicherung der Lebensvielfalt. Es sind Zufluchtsorte in einer verarmten Umwelt. An solchen Stellen gibt es immer etwas Interessantes zu entdecken. Und bei solchen Naturbeobachtungen lernt ein aufmerksamer Gärtner mehr über die vielfältigen Wechselbeziehungen zwischen Tieren und Pflanzen als nur aus Büchern!

Ein wenig Wildnis ist lebenswichtig: In diesem hohlen Baumstamm hat der Igel ein geschütztes Winternest gefunden.

Pflanzen helfen bei der Schädlingsabwehr

Obgleich sie sich nicht von der Stelle rühren können, helfen bestimmte Pflanzen dem Gärtner bei der Schädlingsabwehr tatkräftig mit. Durch Wurzelausscheidungen oder intensive Düfte beeinflussen sie ihre nähere Umgebung. Wer ihre nützlichen Eigenschaften kennt, der kann sie gezielt einsetzen, um den Boden und die Pflanzen, die darin wachsen, gesund zu erhalten.

Bodenteppiche aus blühenden Tagetes sind ebenso hübsch wie nützlich: Die Pflanzen vertreiben Nematoden.

Blühende Bodenkur gegen Älchen: Tagetes

Wurzelälchen (eine Nematodenart) gehören zu den gefährlichen Bodenschädlingen. Unter ungünstigen Umständen können sie ganze Gartenflächen verseuchen. In einem naturgemäßen Garten ist diese Gefahr gering. Denn abwechslungsreiche, gemischte Pflanzungen verhindern Bodenmüdigkeit. In ausgeglichenen, nährstoff- und humusreichen Böden haben Nematoden deshalb kaum eine Chance.
Wo diese winzig kleinen Fadenwürmer trotzdem auftauchen, zum Beispiel während der Umstellung eines Gartens auf natur-

gemäße Methoden, da können Sie ihnen mit Hilfe von Studentenblumen erfolgreich zu Leibe rücken. Die Wurzeln der Tagetes enthalten einen Stoff, der die Älchen anlockt. Sie dringen in die Pflanzen ein und »vergiften« sich. Dabei werden die Tiere, die nicht sofort umkommen, unfruchtbar. Sie können sich nicht mehr vermehren und sterben langsam, aber sicher aus. Voraussetzung für eine erfolgreiche Bodenkur mit Studentenblumen ist ein dichter Pflanzenteppich, der das gesamte kranke Beet bedeckt. Sie können diese Blumen, die ober-

Pflanzen, die Schädlinge vertreiben

Abwehrpflanze	Wirkung	Besonderer Tipp
Basilikum	vertreibt Fliegen	Basilikumtöpfe auf der Fensterbank
Bohnenkraut	schützt Buschbohnen vor Schwarzen Läusen	Randpflanzung zum Bohnenbeet
Farnkraut (Wurmfarn und Adlerfarn)	wehrt Schnecken und Ameisen ab	Mulchdecken aus Farnkrautblättern zwischen gefährdeten Pflanzen auslegen
Kaiserkrone	vertreibt durch starken Geruch der Zwiebeln Wühlmäuse	Schutzpflanzung um gefährdete Kulturen
Kapuzinerkresse	gegen Blut- und Blattläuse	Die Pflanzen vertreiben Schwarze Blattläuse nicht, sondern ziehen sie an; dadurch werden Nutzpflanzen »entlastet«; gegen Blutläuse Kapuzinerkresse auf Obstbaumscheiben säen
Knoblauch	allgemein bakterizid und fungizid; vorbeugend gegen Pilzerkrankungen	Mischkultur mit Erdbeeren und Rosen
Lavendel	wehrt Ameisen, Läuse und Motten ab	hübsche und gesundheitsfördernde Mischkultur mit Rosen
Rainfarn	wehrt Ameisen ab	Randpflanzung
Studentenblumen *(Tagetes)*	befreien den Boden von Wurzelälchen	dichte Teppichpflanzung auf befallenen Beeten
Tomaten	vertreiben Kohlweißlinge durch Duft-Irritation	Randpflanzung neben dem Kohlbeet; Mulchen mit Tomatenblättern
Wermut	hilft gegen Erdflöhe und Säulchenrost	in die Nachbarschaft von Johannisbeersträuchern pflanzen
Wolfsmilch	vertreibt Wühlmäuse	Schutzpflanzungen, am besten kombiniert mit Kaiserkronen und Knoblauch
Zwiebel	schützt Möhren vor der Möhrenfliege, umgekehrt vertreiben Möhren die Zwiebelfliege	Mischkultur in abwechselnden Reihen

Gründüngungs-Aussaaten sind eine wunderbare Erholungskur für den Boden. Die Wurzeln von Senf, Phazelia und Leguminosen lockern die Erde, ihre Blüten dienen als Bienennahrung.

Als wirkungsvolle Helfer gegen Wurzelälchen haben sich neben den Studentenblumen *(Tagetes)* auch Sonnenhut *(Rudbeckia)* und Ringelblumen *(Calendula)* erwiesen. Die Samen dieser Blumen können Sie einzeln in Tüten kaufen. Im Fachgeschäft gibt es auch eine fertige Mischung unter dem Namen »Gartendoktor«.

irdisch eine leuchtend bunte Bodendecke bilden, während sie unterirdisch Schädlinge vertreiben, vom Frühling bis zum Frühsommer aussäen.
Besonders gefährdet durch Wurzelälchen sind unter anderem Rosen, Chrysanthemen, Kartoffeln, Tomaten und Erdbeeren. Die Schädlinge können auch durch verseuchte Erde an den Wurzelballen junger Pflanzen in den Garten eingeschleppt werden. Wurzelälchen schädigen die Wurzeln so sehr, dass Wachstumstörungen und Mißbildungen an den Pflanzen entstehen. Außer den Wurzelälchen gibt es auch Stängel- und Blattälchen. Der beste vorbeugende Schutz gegen Nematoden sind die wichtigsten biologischen Kulturmaßnahmen: Humuspflege mit Kompost und Mischkulturen. Monokulturen begünstigen die Älchen!

Grüne Spezialisten für Bodenlockerung

Ein lockerer Boden, der für Wasser, Luft und Pflanzenwurzeln durchlässig ist, gehört ebenfalls zu den vorbeugenden Maßnahmen, die manchem Schädling die Lebensgrundlage entziehen. In krümeliger, feuchter Erde fühlen sich Erdflöhe zum Beispiel nicht wohl!
Besser als Spaten und Hacke vermögen tief wachsende Pflanzen den Boden zu lockern. Sie durchdringen mit ihrem Wurzelsystem auch verhärtete Schichten. Besonders wohltuend macht sich der Einsatz solcher Pflanzen-Pioniere auf festgefahrenen Neubaugrundstücken oder auf lange vernachlässigten, schweren Böden bemerkbar.

Zu den tief wurzelnden Helfern bei der Bodenverbesserung gehören vor allem Schmetterlingsblütler (Leguminosen) wie zum Beispiel Lupinen, Ackerbohnen und Klee. Nachdem die Pflanzen abgestorben sind, hinterlassen die verrottenden Wurzeln unzählige luftige Gänge im Erdreich. Die Leguminosen bilden außerdem in Zusammenarbeit mit bestimmten Bakterien Stickstoffknöllchen und verbessern dadurch die Nährstoffreserven. Das oberirdische Pflanzengrün dient als Mulch- und Kompostmaterial. Indirekt tragen die Gründüngungs- und Bodenlockerungs-Pioniere damit zur Gesundung des ganzen Gartens bei.

Trocknen Sie im Sommer Wermut und Rainfarn, dann haben Sie Vorräte für selbstgemachte Spritzbrühen.

Nachbarn, die sich nicht riechen können

Bestimmte Pflanzen kann der Gärtner direkt zur Abwehr von Krankheiten oder Schädlingen einsetzen. Sie vertreiben die unerwünschten Mitesser zum Teil durch starke Düfte. Diese Gerüche sind den Tieren entweder unangenehm, oder sie irritieren sie und lenken sie vom gesuchten Ziel ab. Kohlweißlinge zum Beispiel, die auf Kohlgerüche »programmiert« sind, werden durch Tomatenduft offenbar verwirrt.

Das Wissen von der abschreckenden Wirkung herber oder bitterer Gerüche ist sehr alt. So finden sich in historischen Kräuterbüchern bereits zahlreiche Hinweise darauf, dass Rainfarn, Wermut und Eberraute Ungeziefer vertreiben. Jahrhundertelang hängte man Büschel dieser Pflanzen im Haus und in der Vorratskammer gegen Flöhe, Fliegen und Motten auf.

Diese uralte Tradition wird durch die gezielte Verwendung solcher Kräuter im naturgemäßen Garten fortgesetzt. Auch hier vertreiben sie wie eh und je »Ungeziefer«. Wohl überlegte Pflanzenkombinationen verderben manchem Schädling das Fressvergnügen.

auf einen blick

- Vorbeugende Gesundheitspflege macht Pflanzen widerstandsfähig gegen Krankheiten und Schädlinge. Dazu gehören Bodenpflege, Kompost, Mulchdecken und organische Dünger
- Mischkulturen und gute Nachbarschaft fördern gesundes Wachstum.
- Die Wahl des richtigen Standortes und Sorten, die an das Klima angepasst sind, tragen zum harmonischen Gedeihen bei. Schädlinge meiden starke Pflanzen!
- Tiere, die dem Gärtner bei der Schädlingsabwehr helfen, nennt man »Nützlinge«. Beispiele sind Igel, Spitzmäuse, Vögel, Blindschleichen, Erdkröten, Florfliegen, Marienkäfer, Schwebfliegen, Spinnen, Raubmilben und Räuberische Nematoden.
- Wer in seinem Garten Lebensraum für Nützlinge schafft, hat immer kostenlose Helfer im Einsatz.
- Auch Pflanzen können Schädlinge abwehren.

Biologischer Pflanzenschutz in der Praxis

Die Natur hält nicht nur Heilkräuter für Menschen und Tiere bereit, sondern auch zahlreiche Pflanzen, die die Gewächse des Gartens vor Schaden bewahren. Jeder Biogärtner sollte diese »grüne Apotheke« kennen und nutzen.

Medizin für den Garten aus der Apotheke der Natur

Pflanzenjauche, Kräutertees und natürliche Spritzbrühen sind leicht herzustellen. Jeder kann diese Rezepte anwenden. Man braucht dazu weder eine Hexenküche, noch muss man Geheimwissenschaften studieren. Die hausgemachten Mittel aus Wildkräutern oder Heilpflanzen sind preiswert und wirkungsvoll. Sie helfen, Schädlinge und Pilzkrankheiten auf ungefährliche Weise in den Griff zu bekommen. Sie können die Pflanzen zum Teil in der freien Natur sammeln. Viele Heilkräuter sind auch im Garten heimisch, wo sie immer bereitstehen. Verwendet werden entweder frische Pflanzen oder getrocknete Kräuter, die Sie auch in Fachgeschäften oder im Bio-Spezialversand kaufen können. Selbst geerntete Heilpflanzen werden an einem luftigen und schattigen Platz zum Trocknen aufgehängt und anschließend in fest verschlossenen Schraubgläsern an einem dunklen, kühlen Ort aufbewahrt. Die folgenden Pflanzen werden zur naturgemäßen Schädlings- und Krankheitsabwehr benutzt:

◀ Brühe oder Jauche für den naturgemäßen Pflanzenschutz kann jeder Biogärtner leicht selber herstellen. Wichtige Zutaten wie Brennnesseln oder Beinwell wachsen griffbereit in einer Gartenecke.

Wildkräuter und Heilpflanzen

Beinwell, »Comfrey«
(Symphytum officinale und *S. peregrinum)*
Die stattlichen Stauden gedeihen wild an feuchten Stellen. Sie können gut im Garten angebaut werden, brauchen aber viel Platz. Beinwell ist eine alte Heilpflanze. Die Jauche aus den großen Blättern, die mehrmals im Jahr geschnitten werden können, ist stickstoff- und kalireich. Sie stärkt die Pflanzen und macht sie widerstandsfähiger.

Der Beinwell bildet eine kräftige Staude, von der Sie mehrmals Blätter für eine stickstoff- und kalireiche Jauche schneiden können.

Beinwellblätter und Brennnesselkraut können auch gemeinsam als Jauche angesetzt werden.

Brennnesseln
(Urtica dioica und *U. urens)*
Wilde Brennnesseln wachsen gern auf humus- und nährstoffreichen Böden. Oft werden die Pflanzen als lästiges Unkraut verachtet; sie gehören aber zu den hervorragenden Heilkräu-

Brennnesseln sind Heilpflanzen – auch für den Garten. Ernten Sie die Blätter, bevor das Kraut Samen ansetzt.

Weitsichtige Biogärtner lassen einige Brennnesseln in einer Gartenecke stehen – als Futterpflanzen für die Raupen des Tagpfauenauges.

tern. Ihr Reichtum an Vitaminen und Mineralstoffen ist groß. Die Brennhaare enthalten das Nesselgift Histamin. Die beste Zeit zum Sammeln frischer Brennnesseln sind die Monate Mai bis August, bevor die Pflanzen Samen ansetzen. Die ausdauernden Stauden wachsen wieder nach und können mehrmals geschnitten werden.
Wer an einem abgelegenen Gartenplatz, zum Beispiel beim Kompost, den Brennnesseln ein Refugium einräumt, der sollte immer einen Teil der Pflanzen ungestört wachsen lassen, damit sie den Raupen von Kleinem Fuchs und Tagpfauenauge als Nahrung dienen können. Gärtner, die in der Nähe keine Brennnesseln finden, können auch getrocknetes Kraut oder Brennnesselpulver verwenden, die man im Handel kaufen kann. Die nahrhafte Brennnesseljauche stärkt die Pflanzen und erhöht die Widerstandskraft gegenüber Schädlingen.

Wurmfarn und Adlerfarn
(Dryopteris filix-mas und *Pteridium aquilinum)*
Die Blätter der beiden Farnarten sind reich an Kali. Sie wachsen in Mischwäldern und werden von Juni bis September gesammelt. Wurmfarn gedeiht auch gut im Garten. Jauche oder Brühe, die aus den Blattwedeln hergestellt werden, versprüht man vor allem gegen Läuse oder Rostkrankheiten.

Knoblauch
(Allium sativum)
Die »Stinkerzwiebel« gehört zu den ältesten Heilpflanzen der Erde. Knoblauch enthält neben einer Vielzahl anderer Wirkstoffe auch schwefelhaltige ätherische Öle. Die Pflanzen wirken allgemein bakterizid und fungizid. Knoblauchzehen werden vor allem gegen Pilzerkrankungen eingesetzt. Knoblauch-Tee wirkt besonders gut gegen echten Mehltau.

Rainfarn
(Tanacetum vulgare)
Der Rainfarn gehört nicht zu den Farnkräutern. Die Staude mit den gelben, knopfartigen Blüten wächst oft an Wegrändern. In der Volksheilkunde verwendete man das Kraut früher zu Wurmkuren. Die Pflanze hat aber giftige Inhaltsstoffe und sollte nicht leichtsinnig als Arznei für Menschen verwendet werden. Rainfarn-Brühe darf nicht von Kindern getrunken werden! Sammeln Sie Blüten, Blätter und Stängel von Juli bis August. Sie sind sehr wirksam gegen

Ungeziefer. Rainfarn-Tee wird vor allem gegen Milben und Läuse gespritzt.

Ackerschachtelhalm
(Equisetum arvense)
Ackerschachtelhalm, auch Zinnkraut oder Katzenschwanz genannt, ist reich an Kieselsäure. Schachtelhalm-Tee stärkt die Zellen der Pflanzen und macht sie widerstandsfähig gegen das Eindringen von Pilzen. Schachtelhalm-Brühe ist das »klassische« Mittel gegen Pilzerkrankungen im naturgemäßen Garten. Sie wird öfter vorbeugend gespritzt – im Gegensatz zu allen anderen Präparaten bei Sonnenschein.
Gesammelt wird das ganze Kraut (ohne Wurzel) im Sommer, wenn die Pflanzen voll entwickelt sind. Die Triebe fühlen sich dann spröde an. Dies ist ein Zeichen für den höchsten Gehalt an Kieselsäure.

Ackerschachtelhalm wächst wild an Wiesenrändern und Gräben, manchmal auch im Garten. Nutzen Sie ihn als wirkungsvolles Mittel zur Pilzabwehr.

Wermut
(Artemisia absinthium)
Das bittere Heilkraut wirkt im Garten durch seinen strengen Geruch. Es ist reich an ätherischen Ölen und Bitterstoffen. Die Wirksamkeit gegen Ungeziefer ist seit alten Zeiten bekannt. Die Pflanzen wachsen wild, können aber gut im Garten angebaut werden. Sammeln Sie Wermutkraut im Sommer während der Blüte.
Wermut-Jauche und Wermut-Tee dienen vor allem der Abwehr von Läusen und Milben. Wenn der intensiv und streng riechende Tee über die Kohlpflanzen gesprüht wird, vertreibt er die Kohlweißlinge.

Zwiebel
(Allium cepa)
Die Zwiebel gehört wie der Knoblauch zu den ältesten Heilpflanzen. Sie enthält ebenfalls schweflige ätherische Öle und wird vor allem zur Abwehr von Pilzkrankheiten verwendet. Ganze Zwiebeln oder auch Zwiebelschalen werden für verschiedene Rezepte gebraucht. Sie können auch mit Knoblauch gemischt werden . Zwiebel-Tee und Zwiebel-Jauche werden vorbeugend gegen verschiedene Pilzinfektionen eingesetzt.

Eine Wermutstaude schenkt Ihnen vielfältigen Nutzen: Tee aus dem blühenden Kraut lindert Magenbeschwerden und vertreibt Insekten.

Verschiedene Heilkräuter
Als Zusatz zur gemischten Pflanzenjauche können auch einige Heil- und Würzpflanzen aus dem Kräutergarten verwendet werden. Dazu gehören **Schnittlauch, Pfefferminze, Majoran,**

Holunder und Brennnesseln bieten in dieser einfachen aber sehr wertvollen »Hausapotheke« an der Scheunenwand ihre Heilkräfte an. Im Garten vertreibt Holunderblätter-Jauche durch ihren intensiven Geruch die Wühlmäuse.

Kamille und **Ysop**. Auch die Wildkräuter **Löwenzahn** und **Hirtentäschel** können Sie hinzufügen. Es genügt, wenn Sie zum Beispiel in eine Brennnessel-Jauche ein bis zwei Hände voll gemischte Kräuter rühren, so wie sie gerade greifbar sind.

Heilsame Gemüse und Gehölze

Tomaten

Aus den stark riechenden Blättern der Tomatenpflanzen wird ein schädlingsabwehrender Kaltwasserauszug angesetzt. Besonders die Kohlweißlinge lassen sich vom Tomatengeruch irritieren, wenn Sie den Auszug öfter über die Kohlpflanzen verteilen.

Kohl

Eine Jauche aus den Außenblättern des Wirsings und anderer Kohlarten stärkt Gemüsepflanzen. Sie wird mit Brennnessel-Jauche vermischt. Bewährt hat sich diese Jauche nach den Erfahrungen der Abtei Fulda – besonders zum Angießen von Jungpflanzen. Im Frühling verwenden Sie Kohlarten, die den Winter überdauert haben, am besten die Reste, die beim Gemüseputzen abfallen.

Rhabarberblätter

Brühe, Tee oder Jauche aus frischen Rhabarberblättern wirkt gegen Schwarze Läuse an Bohnen, andere Blattläuse und Raupen. Die Pflanzen enthalten vor allem Oxalsäure und giftige Glykoside.

Holunder

(Sambucus nigra)

Der Holunderstrauch wächst mit Vorliebe in der Nähe von Häusern und Scheunen. Oft ist er wertvoller Bestandteil von Wildsträucherhecken. In der Feldflur und an Waldrändern wächst er noch wild. Die Blätter des Holunders enthalten unter anderem das Alkaloid Sambucin. Während des ganzen Sommers können Sie frische Blätter als Jauche ansetzen, wie es im Rezept für Pflanzen-Jauche auf den folgenden Seiten beschrieben ist. Gießen Sie die Holunder-Jauche unverdünnt in die Gänge der Wühlmäuse. Die Tiere werden durch den intensiven Geruch vertrieben.

Grundrezepte für hausgemachte Pflanzenbrühen

Merken Sie sich als Faustregel folgende Mengen: Auf 10 l Wasser brauchen Sie 1 kg frische Pflanzen oder 150 g getrocknetes Kraut. 100 g Trockenkräuter entsprechen etwa 600–800 g frischen Pflanzen. Die Mengenangaben schwanken, weil auch die Inhaltsstoffe der Kräuter nicht konstant sind. Genaue Empfehlungen für die verschiedenen Pflanzen finden Sie in der Tabelle auf Seite 40–41. Nach den folgenden Grundrezepten können Sie alle Hausmittel selber herstellen.

Pflanzenjauche

Pflanzenjauche ist ein flüssiger Dünger, der aus Wasser und Pflanzenteilen hergestellt wird. Dieser Ansatz muss vergären. Sie benötigen dafür ein kleines Holz- oder Kunststoff-Fass. Auch größere Steinguttöpfe eignen sich. Für kleine Gärten reicht schon ein 10-l-Eimer. Metallgefäße sollten nicht verwendet werden, weil zwischen der Brühe und dem Metall unerwünschte chemische Reaktionen stattfinden können. In das

Die nährstoffreiche Brennnessel-Jauche kann jeder Biogärtner leicht selber ansetzen: Das frische Kraut wird klein geschnitten und in eine Tonne gefüllt. Nehmen Sie zum Ansetzen Regenwasser oder abgestandenes Leitungswasser. Die gärende Flüssigkeit muß öfter umgerührt werden. Ein paar Hände voll Steinmehl binden »ländliche« Gerüche. Die fertige Brennnessel-Jauche wird 1:10 mit Wasser verdünnt, bevor Sie sie an die Pflanzen gießen. (Fotos von links oben nach rechts unten).

Naturgemäße Spritzmittel aus eigener Herstellung

Pflanze	Zutaten für 10 l Wasser	Zubereitung/ Mischungsmöglichkeiten	Verwendung	Wirkung
Ackerschachtelhalm	1 kg frisches Kraut oder 150 g getrocknetes Kraut	Brühe, Jauche; vermischt mit: Brennnesseln	Frühling bis Spätsommer vorbeugende Spritzungen möglichst an sonnigen Vormittagen, Verdünnung 1:5.	Brühe stärkt die Abwehrkräfte gegen Pilzerkrankungen wie Mehltau, Schorf, Rost, usw.; Jauche gegen Blattläuse und Spinnmilben, stärkend.
Beinwell/ Comfrey	1 kg frische Blätter oder 150 g getrocknetes Kraut	Jauche; vermischt mit: Brennnesseln	Flüssigdünger während der Vegetationszeit, Verdünnung 1:10.	Allgemein pflanzenstärkend; kalireich, besonders gut für Tomaten.
Brennnessel	1 kg frisches Kraut oder 150 g getrocknetes Kraut	Jauche; vermischt mit: Beinwell, Schachtelhalm, Schnittlauch, kleinen Mengen verschiedener Kräuter; Kaltwasser-Auszug	Jauche als Flüssigdünger während der Vegetationszeit, Verdünnung 1:10; Jauche als Spritzmittel auf die Blätter, Verdünnung 1:20; Kaltwasser-Auszug unverdünnt über die Pflanzen sprühen.	Jauche allgemein pflanzenstärkend, insektenabwehrend; Kaltwasser-Auszug gegen Blattläuse.
Farnkraut (Adlerfarn, Wurmfarn)	1 kg frische Blätter oder 100 g getrocknetes Kraut	Jauche oder Brühe	Im zeitigen Frühling vor allem Obstbäume spritzen, Verdünnung 1:10	Gegen verschiedene Läusearten
			Im Frühling und Sommer unverdünnt gegen Pilzerkrankungen über die Pflanzen und den Boden spritzen.	Vor allem gegen Rost
Kamille	50 g getrocknete Blüten	Tee	Im Sommer über Pflanzen und Komposthaufen gießen, unverdünnt.	Kräftigung der Pflanzen; anregend für den Kompost; Samenbeize.
Knoblauch	500 g Knoblauch	Jauche; vermischt mit: Zwiebeln im Verhältnis 1:1; außerdem einige Blätter von Schwarzen Johannisbeeren	Auf den Boden der Beete und auf Baumscheiben gießen, Verdünnung 1:10.	Stärkt die Abwehrkräfte gegen Pilzerkrankungen, vor allem bei Kartoffeln und Erdbeeren.

Naturgemäße Spritzmittel aus eigener Herstellung				
Pflanze	**Zutaten für 10 l Wasser**	**Zubereitung/ Mischungsmöglichkeiten**	**Verwendung**	**Wirkung**
Knoblauch	10 g Knoblauch für 1 l Wasser	Tee aufbrühen und 24 Std. stehen lassen.	Alle 5 Tage über mehrere Wochen gegen Gurkenmehltau spritzen; Verdünnung 1:3.	Erfolgreich vor allem gegen Gurkenmehltau; wissenschaftlich getestet.
Kohl	3 kg frische Blätter oder Reste nach Bedarf	Jauche; Mischung: Brennnessel-Jauche	Nahrhafte Flüssigdüngung, auch zum Angießen von Jungpflanzen; Verdünnung 1:10.	Allgemein stärkend; gesundes Anwachsen
Rhabarber	500 g frische Blätter auf 3 l Wasser	Tee, Brühe	Über die Pflanzen sprühen, unverdünnt.	Gegen Schwarze Läuse und Lauchmotte
Rainfarn	300 g frische Pflanzenteile oder 30 g getrocknetes Kraut	Tee; vermischt mit: Schachtelhalm-Tee	Als Winterspritzung unverdünnt über die Pflanzen; als Sommerspritzung auf Blätter und Boden; Verdünnung 1:3.	Gegen verschiedene Milben, Himbeerkäfer, Kohlweißlinge und andere Insekten; außerdem gegen Rost und Mehltau.
Tomaten	2 Handvoll Blätter und Geiztriebe auf 2–3 l Wasser	Kaltwasser-Auszug; zerdrückte Pflanzenteile 3 Stunden ziehen lassen.	Zur Flugzeit der Kohlweißlinge alle 2 Tage über die Kohlpflanzen gießen, unverdünnt.	Gegen Schmetterlinge und Raupen des Kohlweißlings
Wermut	300 g frisches Kraut oder 30 g getrocknetes Kraut	Tee, Jauche	Jauche im Frühling und Sommer über die Pflanzen sprühen, unverdünnt; Tee im Juni bis Juli 1:3 verdünnt, im Herbst 1:2 verdünnt ausspritzen.	Abwehr von Ameisen, Läusen, Kohlweißlingen, Raupen; besonders gegen Säulchenrost an Johannisbeeren; Sommerspritzung gegen Blattläuse und Apfelwickler; Herbstspritzung gegen Erdbeer- und Brombeermilben.
Zwiebel	500 g frische Zwiebeln	Jauche; vermischt mit: Knoblauch, Schnittlauch, Bärlauch, Knoblauchrauke usw.	Jauche über den Boden der Beete und auf Baumscheiben gießen, Verdünnung 1:10	Zwiebel-Jauche stärkt die Pflanzen gegen Pilzerkrankungen.
	75 g gehackte Zwiebeln	Tee, 5 Stunden ziehen lassen.	Tee über Pflanzen und Erde sprühen, unverdünnt.	Gegen Möhrenfliege, Milben und Pilzkrankheiten

Naturgemäße Spritzmittel aus eigener Herstellung

Natürliche Substanzen	Zutaten für 10 l Wasser	Zubereitung/ Mischungsmöglichkeiten	Verwendung	Wirkung
Magermilch, Molke	Nach Bedarf	Mit Wasser 1:1 gemischt	Von Juni – August über Tomatenpflanzen spritzen, 1 Mal pro Woche.	Vorbeugend gegen Pilzinfektionen
Quassia – Bitterholz	150 g auf 2 l Wasser	Brühe; Mischung: 250 g Schmierseife	Nur bei akutem Schädlingsbefall einsetzen, verdünnt mit 10–20 l Wasser.	Tödlich für Läuse und andere Insekten, Nützlinge sind gefährdet.
Schmierseife	150–300 g reine Kaliseife in heißem Wasser	Im Durchschnitt 2%ige Lösung; Mischung: mit 100–300 ccm Brennspiritus	Über befallene Pflanzen sprühen, unverdünnt.	Gegen Blattläuse, Mischung mit Spiritus auch gegen Schild-, Woll- und Blutläuse. Nützlinge sind gefährdet.
Wasserglas	–	2%ige Lösung	Winterspritzung der Obstbäume; vorbeugende Spritzungen im Sommer.	Vorbeugend gegen Pilzerkrankungen. Nicht auf Gemüse oder in Blüten spritzen!

Jauchefass füllen Sie reichlich frische oder trockene Kräuter (genaue Angaben siehe Tabelle Seite 40). Dann gießen Sie Wasser darüber, so dass alle Pflanzenteile bedeckt sind. Füllen Sie das Gefäß aber nicht bis zum Rand, denn die Jauche schäumt während der Gärung hoch. Regenwasser oder in der Sonne abgestandenes Wasser eignet sich für den Ansatz besser als kaltes, »totes« Leitungswasser. Über die Öffnung legen Sie feinmaschigen Draht. Dann können Tiere nicht in die Flüssigkeit fallen und ertrinken. Trotzdem gelangt genügend Luft in die Jauchemischung. Rühren Sie einmal am Tag den Inhalt der Tonne oder des Eimers kräftig um, denn Sauerstoff ist wichtig für einen harmonischen Ablauf der Vergärung. Dieser Prozess verläuft schneller, wenn das Gefäß an einem sonnigen Platz steht.

Je nach Ansatz und Witterung ist Ihre Pflanzenjauche nach 2–3 Wochen fertig. Sie schäumt dann nicht mehr und zeigt eine dunkle Farbe. Nun können Sie das Gefäß mit einem Deckel lose verschließen und den flüssigen Dünger nach Bedarf im Garten verbrauchen.

Jede Jauche entwickelt unangenehme Gerüche. Damit sie Ihren Nachbarn nicht störend in die Nase steigen, rühren Sie entweder einige Tropfen Baldrian- Blüten-Extrakt oder ein paar Hände voll Steinmehl unter die Brühe.

Zum Verjauchen eignen sich: Brennnesseln, Beinwell, Schachtelhalm, Schnittlauch, Löwenzahn und andere Kräuter. Pflanzenjauche wird fast immer verdünnt. Nähere Angaben finden Sie in der Tabelle Seite 40–41. Gießen Sie Brennnesseljauche möglichst bei trübem Wetter direkt in den Wurzelbereich. Dann wirken die flüssigen Dünger anregend und stärkend auf das Pflanzenwachstum. Sie helfen mit, die Gewächse des Gartens »von innen« zu kräftigen, so dass sie widerstandsfähig werden gegen Krankheiten und Schädlinge.

Brühe

Die empfohlene Pflanzenmenge wird zunächst in Wasser eingeweicht. Verwenden Sie dazu möglichst Regenwasser oder abgestandenes, regeneriertes Wasser. Dieser Ansatz bleibt 24 Stunden stehen. Dann kochen Sie die Brühe auf und lassen sie bei geringer Hitze noch etwa eine halbe Stunde leise weiterkochen. Nach dem Abkühlen wird die Kräuterbrühe durch ein Sieb gegossen und nach Bedarf verdünnt. Diese Zubereitung sollten Sie sich vor allem für den Schachtelhalm merken. Aber auch aus Rainfarn, Farnkraut, Löwenzahn und Wermut können Sie Brühen herstellen.

Tee

Kräutertee für den Garten wird nach den gleichen Regeln zubereitet wie Arzneitee für die Menschen. Übergießen Sie die vorgeschriebene Pflanzenmenge mit kochendem Wasser und lassen Sie diesen Ansatz, möglichst zugedeckt, 10–15 Minuten ziehen. Dann wird der Tee abgesiebt und verwendet, sobald er abgekühlt ist. Für die Teezubereitung eignen sich Ackerschachtelhalm, Rainfarn, Löwenzahn, Kamille, Wermut, Knoblauch und Zwiebeln.

Kaltwasser-Auszug

Frische Pflanzen werden 12–24 Stunden in kaltem Wasser angesetzt. Dieses Rezept gilt vor allem für die »beißende Brennnessel-Brühe«, die unverdünnt gegen Blattläuse ausgespritzt wird. Der Kaltwasser-Auszug darf nicht vergären. Die brennenden Substanzen der Nesseln bleiben nur kurze Zeit im kalten Auszug wirksam. Auch Tomatenblätter werden in kaltem Wasser angesetzt. Diese Mischung braucht nur 2–3 Stunden lang durchzuziehen.

Rainfarn-Tee wird genau wie jeder andere Kräuter-Tee aufgegossen. Nach Vorschrift verdünnt, können Sie ihn dann im Garten gegen Insekten ausspritzen.

Andere natürliche Substanzen für selbstgemachten Pflanzenschutz

Schmierseife

Reine Schmierseife ist ein wirksames Spritzmittel »seit Urgroßvaters Zeiten«. Verwenden Sie keine Haushaltsschmierseife. Für Pflanzen eignet sich nur reine Kali-Seife, die in der Apotheke oder im Bio-Fachhandel (siehe Bezugsquellen) erhältlich ist. Schmierseifenlösungen helfen gegen Blattläuse. Weichhäutige Nützlinge, wie zum Beispiel die Larven der Schwebfliegen sind gefährdet!

Auch Substanzen aus der Natur sind nicht immer ökologisch unbedenklich. Einige Bio-Mittel können keineswegs zwischen Nützlingen und Schädlingen unterscheiden. Verzichten Sie im Zweifelsfall auf agressive »Totschläger« zu Gunsten der Natur, und vertrauen Sie darauf: Die Friedfertigen sind am Ende immer die Stärkeren!

Spiritus

Brennspiritus wirkt ähnlich wie Schmierseife. Beide Substanzen können Sie mischen und dann gegen Läuse spritzen. Diese Brühe wirkt agressiver als reine Schmierseife. Außer Blattläusen werden auch Woll-, Schild- und Blutläuse getroffen, weil Spiritus die Schutzschichten dieser Insekten angreift. Aus diesem Grund sind aber auch Nützlinge gefährdet!

Quassia-Bitterholz, Schmierseife, Brennspiritus und Wasserglas sind natürliche Pflanzenschutzmittel, die Sie kaufen können.

Wasserglas (Natriumsilikat)

Diese Substanz ist stark kieselhaltig und wirkt ähnlich wie Schachtelhalm. Wasserglas-Spritzmittel beugen Pilzerkrankungen vor. Sie können das Mittel in Apotheken kaufen.

Quassia-Bitterholz

Das tropische Holz bekommen Sie in Apotheken. Die kleinen Holzstückchen werden über Nacht in Wasser eingeweicht und am nächsten Tag eine Stunde lang ausgekocht.
Die Spritzbrühe, der noch Schmierseife hinzugefügt werden kann, wirkt als tödliches Fraß- und Kontaktgift für Läuse und andere Insekten. Nützlinge sind leider nicht ausgenommen. Verwenden Sie dieses Mittel deshalb nur in Notfällen – ähnlich wie die im Handel erhältlichen, noch intensiveren Pyrethrum-Präparate. Quassia wirkt nicht so stark und ist für Menschen bei richtiger Anwendung ungefährlich.

Die Blätter und Samen des tropischen Niembaums liefern wirkungsvolle Substanzen für umweltfreundliche Insekten-Spritzmittel.

Niembaum-Blätter-Samen-Öl

Aus verschiedenen Bestandteilen des tropischen Niembaums können Spritzbrühen hergestellt werden, die sehr wirksam sind bei der Abwehr von Blattläusen, Weißen Fliegen, Spinnmilben, Raupen und zahlreichen anderen Insekten. Der Hauptwirkstoff Azadirachtin enthält ein Insektenhormon, das den Entwicklungszyklus der Schadinsekten stört. So wird die Vermehrung verhindert. Andere Stoffe bremsen die Fresslust. Niembaum-Produkte sind ökologisch unbedenklich, nützlingsschonend und deshalb sehr empfehlenswert. Bezugsquellen finden Sie im Anhang.

Pudern, Blinken, Fallenstellen: alte und neue Gärtner-Tricks

Außer den naturgemäßen Spritzbrühen gibt es auch noch eine Reihe anderer Mittel, die gegen bestimmte Schädlinge gezielt eingesetzt werden können. Einige dieser »Bio-Tricks« sind uralt. So wird sich in nassen, schneckengeplagten Sommern sicher noch mancher Gärtner daran erinnern, dass Großmutter oder Urgroßvater Sägemehl um die jungen Bohnenpflanzen ausstreute. Die schleimigen Tiere scheuen dieses trockene, holzige Material, das an ihren Körpern kleben bleibt.
Auch in alten, vergilbten Gartenzeitschriften stößt man manchmal auf einfache Ratschläge, die sich in der Praxis seit Generationen als wirksam erwiesen haben. Ein Gärtner sagte sie dem anderen weiter. Denn rein paradiesisch waren die Zustände auch damals nicht. Aber Not macht erfinderisch. Und in bestimmten Situationen kann man sich durchaus erfolgreich mit Hindernissen und Fallen gegen zudringliche Mitesser wehren. Manchmal muss man mehrere Mittel miteinander kombinieren. Suchen Sie sich diejenigen Tipps heraus, die zu Ihrer Gartensituation und zu Ihrer Überzeugung am besten passen.

Abwehr-Streifen

- **Gesteinsmehl** wird als schützender Ring um schneckengefährdete Kulturen und Jungpflanzen gestreut. Bei schönem Wetter können Sie es auch morgens über die taunassen Blätter pudern. So schützt der feine Gesteinsstaub vor Erdflöhen und anderen Insekten. Vorbeugend wirkt er auch gegen Pilzerkrankungen.
- **Algenkalk** wirkt ähnlich wie Steinmehl und wird auch zum gleichen Zweck angewendet. Streuen Sie ihn als Abwehr-Zone um gefährdete Pflanzen oder als Stärkungsmittel über die Blätter.
- **Holzasche** wehrt gleichfalls Schnecken ab, wenn sie als Schutzzone ausgebreitet wird.

Ein Tipp aus Großmutters Garten-Trickkiste kann auch heute noch zur Schneckenabwehr empfohlen werden: Streuen Sie dicke Sägemehlwälle um Bohnenaussaaten und Dahlientriebe.

Ein Schutzring aus scharfkantigem Schilfhäcksel hält Schnecken von empfindlichen Jungpflanzen fern.

Gesteinsmehl, Algenkalk und Holzasche entfalten ihre Wirkung nur bei trockenem Wetter. Kalk und auch die kalkhaltige Holzasche eignen sich nicht für Moorbeetpflanzen, wie zum Beispiel Azaleen und Hortensien. Durch den feinen Staub des Gesteinsmehls können weichhäutige Nützlinge gefährdet werden.

Viele Fallen können auch ahnungslosen Nützlingen zum Verhängnis werden. Schauen Sie deshalb öfter nach, um solche »Mitgefangene« zu retten. Überlegen Sie, ob der Einsatz einer Falle – oder auch eines Leimrings – unbedingt nötig ist.

- **Sägemehl** können Sie zwischen jungen Bohnen, um Dahlientriebe und zwischen den Erdbeerreihen auslegen. Dieses trockene Material hält Schnecken von den Pflanzen fern und dient gleichzeitig als Mulch, der sich langsam zersetzt. Mit diesem natürlichen Schutzring arbeiteten schon unsere Urgroßeltern. Das Sägemehl muss möglichst dick ausgestreut werden.

- **Tannennadeln** und **Schilfhäcksel** sind den weichhäutigen Schnecken unangenehm, weil sie so spitz und scharfkantig sind. Sie eignen sich vor allem für Erdbeerbeete und Beerensträucher.

- **Scharfer Sand** ist ein ebenso einfaches wie lange wirksames Mittel gegen Schnecken. Die Tiere kriechen nicht gern über die scharfkantigen, winzigen Quarzkristalle. Sand behält seine Wirksamkeit bei jeder Witterung. Mit diesem Material können Sie ganze Beete abgrenzen.

Fallen

Fallensteller waren die Menschen seit uralten Zeiten. Im naturgemäßen Garten weiß man solche altmodischen Mittel wieder zu schätzen, weil sie gezielt eingesetzt werden und andere Lebewesen nicht gefährden. Spezialfallen für **Wühlmäuse** sind überall im Handel erhältlich. In selbstgebauten Fallgruben konnen Sie **Maulwurfsgrillen (Werren)** oder gefräßige Käfer fangen. Dazu graben Sie größere Marmeladengläser tief in den Boden ein. An den glatten Wänden können die gefangenen Tiere nicht mehr hochkrabbeln. Kontrollieren Sie diese Fallen jeden Tag, weil auch Nützlinge sich dorthin verirren können.
Ebenerdig eingegrabene Becher mit Bier verwandeln sich in **Schneckenfallen**. Wichtig ist, dass Sie mit einem Dach vor Regen und »Verwässerung« geschützt sind. Unter feuchten Säcken, Brettern und ausge-

Maulwurfsgrillen können Sie in eingegrabenen Marmeladengläsern fangen. Vorsicht: auch andere Tiere können in den »Abgrund« stürzen!

Wenn Sie Salat als »Fangpflanze« benutzen, können Sie Drahtwürmer auf frischer Tat ertappen.

höhlten Kartoffeln versammeln sich Schnecken, **Engerlinge** und **Tausendfüßer**, die der Gärtner morgens nur noch einzusammeln braucht. Es ist nicht nötig, die Tiere umzubringen; tragen Sie sie irgendwo aufs »freie Feld«. Metzeleien – wie zerschneiden oder in kochendes Wasser werfen – sind eines friedlichen Bio-Gärtners unwürdig!

Wo **Drahtwürmer** ihr Unwesen treiben, da können Sie Salat als »Fangpflanze« setzen. Sobald der Köder welkt, reißen Sie ihn heraus und holen die Übeltäter aus der angefressenen Wurzel.

Mechanische Hindernisse

- **Stanniolstreifen** halten flatternd und blinkend eine Zeitlang die Vögel aus Obstbäumen und Beerensträuchern fern. Dieses Abschreckmittel wirkt aber meist nicht lange. Die Tiere haben sich unserer Zivilisation schon zu sehr angepasst.

- **Vogelschutznetze** bewahren Ihre Kirschen- oder Johannisbeerernte vor geflügelten Mitessern. Sie sind überall im Fachhandel erhältlich. Das Ausbreiten der Netze bereitet etwas Mühe; man braucht mindestens vier Hände dazu. Aber die süße Ernte lohnt die Arbeit.

- **Gemüsefliegennetze** werden zeitig über die Beete ausgebreitet. Sie halten Möhrenfliegen, Zwiebelfliegen und Lauchmotten davon ab, ihre Eier an den jungen Pflanzen abzulegen.

- **Leimringe** werden im Herbst um die Stämme der Obstbäume gelegt. In diesen Fallen fangen sich vor allem die Weibchen der Frostspanner, die an den Stämmen hochkrabbeln, um in der Krone die Männchen zu treffen.

Diese reich tragenden Stachelbeer-Hochstämmchen sind mit einem dichten Netz vor Vögeln geschützt.

Gemüsefliegennetze schützen die jungen Aussaaten im Folientunnel und auf dem Beet vor »Frühlingsschädlingen« wie der Möhrenfliege.

Leimringe werden im Herbst um die Stämme der Obstbäume gebunden, um Frostspannerweibchen zu fangen.

Leider können auch Nützlinge in den klebrigen Fallen hängen bleiben. Überlegen Sie gut, ob Ihnen die Dezimierung der Frostspanner dieses Opfer wert ist!

- **Kohlkragen** sind einfach herzustellen. Schneiden Sie runde Scheiben aus Teerpappe, die an einer Seite bis zur Mitte aufgeschlitzt werden. Dann legen Sie den biegsamen Kragen um die Stängel der Kohlpflanzen. So hindern Sie Kohlfliegen daran, ihre Eier am unteren Teil des Stiels abzulegen. Auch ein Anstrich der Stängel mit einem Lehmbrei, der später hart wird, schützt die Pflanzen vor der Eiablage.

- **Zäune** bilden für manche Tiere unüberwindliche Hindernisse. Maschendraht, mindestens 80 cm hoch, hält Hasen von Gemüsebeeten fern. Spezielle Schneckenzäune schützen Frühbeete und besonders gefährdete Kulturen. Lesen Sie mehr darüber im Kapitel »Hilfe in der Not«, Seite 57.

»Handarbeit«

In kleinen, überschaubaren Gärten lässt sich oft größerer Schaden durch regelmäßige Handarbeit vermeiden. Ein paar Läuse oder Kohlweißlingsraupen kön-

Lassen Sie den Schutz Ihrer Pflanzen nicht zum Krieg im Garten ausarten. Der Frieden im grünen Paradies bleibt nur erhalten, wenn Sie die Achtung vor allem Leben bewahren.

nen Sie rasch von den Pflanzen ablesen. Wenn Sie solche Kontrollen oft durchführen, dann haben die Tiere es schwer, sich zu vermehren. Früher schüttelte man Obstbäume und Beerensträucher kräftig, damit kleine Käfer und Insekten auf ein Tuch herunterfielen. So können Sie auch noch heute, mit etwas Zeit und Geduld, Schädlinge einsammeln.
Auch kranke Blätter, vor allem bei Pilzschäden, sollten immer gleich entfernt und in die Mülltonne geworfen werden. So bremsen Sie die weitere Verbreitung. Mit einem scharfen Wasserstrahl können Sie Läuse von weniger empfindlichen Pflanzen abspritzen. Für Rosen empfiehlt sich dieser Ratschlag nicht.
Denken Sie auch bei allen naturgemäßen Methoden der Schädlingsabwehr immer daran, dass Sie nicht ausziehen, um einen erbitterten Kreuzzug zu führen. Es geht nur darum, Grenzen zu setzen und Schranken zu errichten. Ein paar Prozent seiner Ernte sollte jeder gute Bio-Gärtner den Mitbewohnern seines Gartens gönnen. Denn sie alle – die sichtbaren und die unsichtbaren Lebewesen – spinnen unaufhörlich an jenem großen Netz, das uns alle trägt.

In einem Eimer oder in einem Faß können Sie selbsthergestellte Spritzbrühen oder käufliche Pflanzenschutz-Mittel anrühren. Ausgesprüht werden sie mit der Gartenspritze.

Käuflicher Pflanzenschutz für den Bio-Garten

In Notfällen kann es sehr hilfreich sein, wenn man ein gutes Mittel rasch kaufen kann.
Für Neulinge unter den naturgemäß Gärtnernden ist es aber oft schwierig, seriöse Angebote von »grünem Schnickschnack« zu unterscheiden. Ihnen soll die folgende Tabelle einen Überblick über diejenigen Firmen und ihre Produkte bieten, die nicht nur biologische Produkte verkaufen, sondern auch die Idee und das Anliegen des naturgemäßen Gartens fördern möchten. In diesen Häusern wird auch Forschung betrieben, wird praktisch experimentiert, werden neue Entwicklungen in Gang gesetzt.
»Alte Hasen« unter den Bio-Gärtnern wenden manchmal ein: Wozu sollen wir Geld für teure Produkte ausgeben?! Wir wollen möglichst alles selber herstellen. Diese Einstellung kann aber nicht von jedem in die Tat umgesetzt werden. Es ist richtig, dass viele Spritzmittel im eigenen Garten hergestellt und zahlreiche gesunde Nahrungsquellen für Pflanzen selbst erschlossen werden können. Dafür braucht ein Gärtner aber Zeit, einen größeren Garten und eine gute Portion Erfahrung.

Käuflicher Bio-Pflanzenschutz

Abwehr von Insekten und anderen Tieren	**Wirkung**	**Inhaltsstoffe**	**Firma/ Bezugsquelle**
Ameisen-streumittel	Vertreibung (keine Vernichtung) von Ameisen durch Duftstoffe.	Kräuter und Naturminerale	Oscorna
Bio-Gemüse-streumittel	Abwehr verschiedener Gemüsefliegen.	Kiesel-Kräuter-Präparat mit ätherischen Duftstoffen	Neudorff
»Bio-Terra« Schneckenstreu	Schneckenabwehr.	Scharfkantiges Schilfhäcksel	Snoek
Ferramol Schneckenkorn	Tödlich für alle Nacktschnecken, nützlingsschonend, keine Gefahr für Haustiere.	Eisenphosphat	Neudorff
Gemüsefliegen-netze	Abwehr verschiedener Gemüsefliegenarten, auch Kohlweißlinge.	Engmaschige Netze oder Vliese	Neudorff und andere Firmen
Gemüsestreu-mittel	Abwehr von Möhrenfliegen und anderen Gemüsefliegen.	Naturminerale mit stark duftenden Kräutern	Oscorna
Fix-Fertig-Raupenleimringe	Abwehr von Frostspanner-Weibchen.	Insektizidfreier Leim	Celaflor, Neudorff
Kirschfrucht-fliegenfalle	Gegen Kirschfruchtfliegen, gefährlich auch für andere Insekten.	Leimtafeln mit gelber Lockfarbe	Neudorff
Mäuse Weg	Abwehr von Wühl- und Feldmäusen durch intensive Duftstoffe.	Mit Duftstoffen getränkte Lavasteinchen	Snoek
Niem	Gegen Blattläuse, Weiße Fliegen, Spinnmilben, Raupen, Wanzen, Käferlarven, Motten und auch gegen Schnecken, nützlingsschonend und umweltfreundlich.	Samen und Blätter des Niembaums, auch Öl und Presskuchen. Hauptwirkstoff Azadirachtin	Niem-Handel
Neudosan	Gegen Blattläuse, Sitkafichtenläuse, Weiße Fliegen, Spinnmilben; weitgehend nützlingsschonend!	Kaliumsalze natürlicher Fettsäuren	Neudorff
Raupenspritz-mittel	Gegen Raupen von Kohlweißlingen, Kohleulen und Kohlmotten; wird auch gegen Frostspanner und Gespinstmotten eingesetzt. Selektiv wirkend, weitgehend nützlingsschonend.	Bakterienpräparat *(Bacillus thuringiensis)* in Pulverform	Neudorff
Schädlingsfrei Niem	Gegen Blattläuse, Weiße Fliegen, Spinnmilben, Thripse, Zwergzikaden, nützlingsschonend und umweltfreundlich.	Extrakt aus Niembaum-Samen	Celaflor

Käuflicher Bio-Pflanzenschutz

Abwehr von Insekten und anderen Tieren	Wirkung	Inhaltsstoffe	Firma/ Bezugsquelle
Schnecken-Granulat	Schneckenabwehr.	Lavakörner, die mit intensiven Duftstoffen getränkt sind	Snoek
Spruzit flüssig	Gegen Blattläuse, Sitka-Fichtenläuse, Blattkäfer, Kohlraupen, Weiße Fliegen; nicht nützlingsschonend.	Pyrethrum-Blüten-Extrakt, Piperonylbutoxid (ein organischer Stoff, gewonnen aus Sassafras-Gras, der als Katalysator die Wirksamkeit des Pyrethrums erhöht)	Neudorff
Spruzit Staub	Stäubemittel gegen Kartoffelkäfer, Kartoffelkäferlarven, Erdflöhe, Blattläuse; nicht nützlingsschonend.	Pyrethrum-Blüten-Extrakt	Neudorff
Wermut Extrakt Compositum	Wehrt Blattläuse und Kohlweißlinge ab.	Extrakt aus Wermut, Rharbarber und Tomatenblättern	Snoek

Abwehr von Pilzkrankheiten	Wirkung	Inhaltsstoffe	Firma/ Bezugsquelle
BioBlatt Mehltaumittel	Wirkt direkt gegen Echten Mehltau an Rosen und anderen Zierpflanzen, kann bei Befall gespritzt werden; stärkt die Widerstandskraft von Gurken und Stachelbeeren gegen Echten Mehltau; nützlings- und umweltschonend.	Lecithin aus der Sojapflanze (rein pflanzliches Fungizid, zugelassen von der Biologischen Bundesanstalt)	Neudorff
Bio-S flüssig	Wirkt allgemein stärkend gegen Pilzerkrankungen, u. a. bei Mehltau, Rost, Krautfäule, Monilia und Grauschimmel; besonders im Obstbau gegen Schorf.	Kräuterpräparat u. a. aus Schachtelhalm, Knoblauch u. a., außerdem Kalk, silikatreiche Minerale und Netzschwefel	Oscorna
Mehltau-Kombipack	Stärkung der Widerstandskraft gegen Echten Mehltau.	Niemöl, Emulgator aus Rizinusöl, Mehltausalz (Natronsalz)	Niem-Handel
Milsana	Stärkt die Widerstandskraft gegen Echten Mehltau.	Flüssigextrakt aus Sachalin-Staudenknöterich, *(Reynoutria sachalinensis)*	Dr. Schaette
Neudo-Vital	Stärkt die Widerstandskraft gegen Grauschimmel an Erdbeeren, Schorf an Äpfeln und Birnen, Monilia an Kirschen sowie Mehltau, Rost und Sternrußtau an Rosen; umweltfreundlich.	Natürliche Fettsäuren und Pflanzenextrakte	Neudorff

Käuflicher Bio-Pflanzenschutz

Abwehr von Pilzkrankheiten	Wirkung	Inhaltsstoffe	Firma/ Bezugsquelle
Pilzvorbeuge	Gegen Mehltau, Schorf, Grauschimmel, Monilia, Krautfäule.	Tonerde, silikatreiche Mineralien, Hefebestandteile, Schachtelhalm-Extrakt	Oscorna
Schachtelhalm-Extrakt	Stärkt die Widerstandskraft gegen Pilzerkrankungen.	Flüssiger Extrakt aus Ackerschachtelhalm	Neudorff
Schachtelhalm-Konzentrat-Plus	Vorbeugend gegen Pilzerkrankungen, stärkt die Widerstandskraft.	Wildkräuter und Ackerschachtelhalm	Oscorna
Wurzelbildung	Vorbeugend gegen Pilz- und Vermehrungskrankheiten.	Wildkräuter-Konzentrat u.a. aus Hahnenfußgewächsen mit Protoanemonin	Oscorna

Pflanzenstärkung und -Pflege	Wirkung	Inhaltsstoffe	Firma/ Bezugsquelle
Algan	Fördert gesundes Wachstum, stärkt die Widerstandskraft gegen Schadinsekten, Pilz- und Viruserkrankungen.	Braunalgen-Extrakt, Spurenelemente, Vitamine, Enzyme, Hormone, Aminosäuren, Proteine	Neudorff
Algenkonzentrat-Plus	Beugt Pilzerkrankungen und Schädlingen vor, fördert gesundes Wachstum.	Konzentrat aus Nordmeeralgen, Heil- und Wildkräutern	Oscorna
Bio-Baumanstrich	Schützt das Rindengewebe, fördert glatte Rindenbildung, beugt Schädlingsbefall und Frostrissen vor.	Tonmineralien, Kalk, Kieselsäure, Kräuterextrakte, Spurenelemente, Haftmittel	Neudorff
Brennnessel-Pulver	Kräftigt, als Brennnessel-Jauche angesetzt, allgemein die Widerstandskraft.	Getrocknete Brennnessel-Droge	Neudorff, Oscorna
Pflanzen-Stäubemittel	Wirkt vorbeugend gegen Pilzerkrankungen und Schadinsekten.	Feingemahlene Naturmineralien, Meeresalgen, Wildkräuter	Oscorna
Preicobakt	Rindenpflege, zellstärkend, vorbeugend gegen Schädlinge und Frostrisse; Verhindert Knospen- und Rindenschäden durch Vögel und Wild.	Pflanzlich-mineralische Natursubstanzen, u.a. Kieselsäure, Tonerden, Wildkräuter und natürliche Haftmittel	Oscorna
Tomatenpflegemittel	Stärkt die Widerstandskraft, fördert gesundes Wachstum.	Naturmineralien, Kräuter, Algenextrakte	Oscorna

Wenn er als »ökologischer Selbstversorger« Erfolg hat, so sind seine Unabhängigkeit und seine Naturverbundenheit ebenso beglückend wie wirtschaftlich.
Eine große Zahl von »normalen« Kleingärtnern aber, die nichts weiter suchen als einen möglichst natürlichen Garten, möglichst ohne Gift, benötigt ein Mindestmaß an Hilfsmitteln. Vor allem auf kleinen Stadtgrundstücken lassen sich manche biologischen Maßnahmen nur schwer verwirklichen. Da wächst kein Schachtelhalm in der Nähe; da gibt es auch keinen Lehm und keine Kuhfladen zum Anrühren einer eigenen Pflegebrühe. Für diese Gärtner ist es wichtig, geeignete Präparate auf möglichst unkompliziertem Weg kaufen zu können. Deshalb ist es auch begrüßenswert, dass gute Bio-Produkte im örtlichen Fachhandel oder im Spezialversand angeboten werden (siehe Bezugsquellen Seite 92).

Seriöse Hilfsmittel für Notfälle

Einige Spezial-Präparate sind so differenziert zusammengestellt, dass ein Privatgärtner sie nicht selber herstellen könnte. Hier sollte er sich die oft langjährigen Forschungsergebnisse biologischer Spezialisten zunutze machen.

Naturgemäße Pflanzenschutz-Brühen werden in eine Spritze gefüllt, damit sie gleichmäßig über die Pflanzen verteilt werden können.

Noch ein Gedanke scheint mir in diesem Zusammenhang wichtig: In den Regalen des Fachhandels steht jetzt an vielen Orten eine »biologische Alternative«. So braucht ein Bio-Gärtner selbst in Notfällen nicht zu einem giftigen Mittel zu greifen, nur weil er nichts anderes bekommt.
Dies ist vor allem für Anfänger wichtig. Wer auf die Dauer beim naturgemäßen Garten bleiben soll, der darf sich in schwierigen Situationen nicht im Stich gelassen fühlen.
Die Tabelle auf Seite 50–52 enthält nur seriöse und empfehlenswerte Produkte. Sie bietet einen vielseitigen Überblick. Jeder Gärtner kann danach entscheiden, welches Präparat er im Ernstfall wirklich benötigt. Die Handelsprodukte sollen als Ergänzung zum »hausgemachten Pflanzenschutz« dienen.

auf einen blick

- Viele Heilkräuter sind auch für den Garten »grüne Medizin«. Aus Brennnesseln, Schachtelhalm, Knoblauch, Wermut und anderen Pflanzen kann ein Bio-Gärtner wirksame Spritzmittel gegen Schädlinge und Krankheiten herstellen.
- Jauche, Brühen und Tees kann jeder nach einfachen Rezepten ansetzen. Die Zutaten bietet die Natur kostenlos.
- Natürliche Mittel sind auch Schmierseife, Spiritus, Wasserglas, Quassia-Bitterholz und Blätter oder Samen des Niembaums. Diese Zutaten für Spritzbrühen kann man kaufen.
- Auch Abwehrstreifen aus Sägemehl oder Algenkalk, Fallen, Vogelschutznetze, Leimringe und Schneckenzäune helfen, Schädlinge von den Pflanzen des Gärtners fern zu halten.
- Zahlreiche Pflanzenschutz-Präparate für den Bio-Garten kann man auch im Fachhandel kaufen.

Hilfe in der Not

Unter den ungebetenen Mitessern im Garten gibt es einige, die zeitweise in großen Massen auftauchen und manchen Gärtner an die »Plagen Ägyptens« erinnern. Vor allem gegen Schnecken, Läuse und Wühlmäuse gibt es zahlreiche rettende Tipps und Tricks.

Die Schönheit der Rosen leidet sehr, wenn Mehltaupilze sich über Stängel, Blätter und Knospen ausbreiten.

Die schlimmsten Plagen

Schnecken haben sich in den letzten Jahren offenbar ins Unermessliche vermehrt. Daran sind nicht nur regenreichen Sommer schuld. Sicher spielt es auch eine Rolle, dass die natürlichen Schneckenvertilger immer seltener in unseren Gärten zu finden sind.
Auch Läuse können »wie die Heuschrecken« in bestimmte Kulturen einfallen. Manchmal wird einer solchen Invasion durch ungünstige Witterung die Gartentür geöffnet. Oft spielen Kulturfehler eine Rolle. Vor allem während der Umstellung auf naturgemäße Methoden muss ein Gärtner mit solchen »Überfällen« rechnen, die im Grunde nur anzeigen, dass seine Gartenwelt aus dem Gleichgewicht geraten ist.

◀ Wühlmäuse gehören zu den weitverbreiteten Plagegeistern im Garten. Sie können große Schäden an Gemüse, Blumen und Gehölzen anrichten.

Mehltau breitet sich ebenfalls durch ungünstige Witterung oder Kulturfehler aus. Wühlmäuse gehören dagegen mehr zu den ortsgebundenen Plagen. Vor allem Grundstücke, die an Wiesen oder Felder grenzen, sind durch die gefräßigen Nager gefährdet, die nur zu gern in das Garten-Schlaraffenland einwandern.

Mit Maß und Ziel

Wo »Schädlinge« in großen Mengen auftauchen, da muss sich auch ein Bio-Gärtner zu helfen wissen. In den folgenden Abschnitten finden Sie dazu eine Fülle von Hilfsmitteln. Wählen Sie diejenigen aus, die zu Ihrer persönlichen Gartensituation am besten passen. Wägen Sie dabei stets sorgfältig ab, ob Sie mit sanften Abwehrmaßnahmen auskommen oder ob Sie im Notfall einmal zu härteren Mitteln greifen müssen.
Ein guter Bio-Gärtner sollte sich nie vom Zorn leiten lassen. Es ist zwar sehr ärgerlich, wenn Schnecken über Nacht eine ganze Salataussaat kahlgefressen haben, aber »Verbrecher« sind sie deshalb nicht. Wir haben es mit Tieren zu tun, die fressen, um satt zu werden. Dass sie in erschreckender Vielzahl auftauchen, ist nicht ihre eigene, sondern allzu oft die Schuld des Menschen. Er trägt auch die Verantwortung dafür, dass extreme Situationen sich wieder in ein vernünftiges, für Mensch und Tier erträgliches Gleichgewicht einpendeln können.

Mittel gegen Schnecken

Schnecken lieben das Dunkel und die Feuchtigkeit. Bei Regenwetter kriechen sie oft in Scharen über die Gartenwege. Den größten Schaden richten sie nachts an.
Die Großen Wegschnecken sind rot, schwarz oder grau gefärbt. Sie sind gut sichtbar und können leicht gefangen werden. Den kleinen Ackerschnecken kommt man dagegen schwerer auf die Schliche. Sie sind grau, schwarz oder hellbeige gefärbt und besitzen ein hervorragendes Tarnkleid, wenn sie sich tagsüber in der Erde verbergen. Die kleinen Gehäuseschnecken scheinen wahre Kletterkünstler zu sein. Oft steigen sie bis zu den äußersten Spitzen der Pflanzen hoch. Die Weinbergschnecken mit den großen Häusern sind sehr nützlich. Sie fressen die Eier der Nacktschnecken.
Alle Schnecken legen runde, weiße Eier in die Erde. Bei einem einzigen Tier können es 200–400 Stück sein.

Das Eigelege der Roten Wegschnecke zeigt Ihnen, wie zahlreich der Schneckennachwuchs sein kann, wenn Sie nicht aufpassen.

Die Genetzte Ackerschnecke ist gut getarnt. Ihre grau-braunen Erdfarben fallen kaum auf, wenn sie sich im Boden verkriecht.

Natürliche Schneckenvertilger

sind Igel, Kröten, Spitzmäuse, Maulwürfe, Laufkäfer, die Larven der Glühwürmchen, Zauneidechsen, Blindschleichen und teilweise auch Amseln und Stare. Weinbergschnecken reduzieren die Eigelege. Einige der nützlichen Tiere sollte der Gärtner versuchen im naturgemäßen Garten heimisch zu machen.

Bodenpflege hilft

Vor allem in Gärten mit schweren, feuchten Böden und auf Beeten, die an Grasflächen grenzen, muss man immer auf der Hut sein vor Schnecken. Schnecken verkriechen sich in kleinen Erdlöchern und Spalten im Boden. Dort legen sie auch ihre Eier ab. Wenn Sie im Herbst alle abgeernteten Beete sofort durchhacken und feinkrümelig glätten, finden die Tiere dort keine Winterverstecke. Auch im Frühling und Sommer sollten Sie öfter die Beete durchhacken. Diese Arbeit stört die Schnecken und treibt sie an die Oberfläche. Achten Sie vor allem auf den Kompost. Wenn Schnecken dort ihre Eier ablegen, verschleppt der Gärtner sie später überall im Garten.

Gießen Sie nicht zur Freude der Schnecken

Regen ist ein Fest für die Schnecken. Wenn Sie am Abend den Sprenger im Garten einschalten, dann locken Sie die Tiere in Scharen auf die feuchten Beete. Im Dunkel der Nacht werden sie dort genüßlich speisen. Klüger ist es, in sehr trockenen Zeiten den künstlichen Regen auf die frühen Morgenstunden zu verschieben. Noch besser ist es, wenn Sie so lange wie möglich mit der Kanne gießen. Verteilen Sie das Wasser nur direkt in den Wurzelbereich. Wässern Sie gründlich, so dass die Feuchtigkeit im Boden für mehrere Tage reicht.

Abschreckende Düfte

Säen und pflanzen Sie um gefährdete Kulturen schneckenabwehrende Gewächse: Senf, Kapuzinerkresse, Salbei, Ysop und Thymian. Die Trenn- oder Grenzstreifen aus Senfsaat haben sich in manchen Gärten sehr bewährt, in anderen helfen sie kaum. Wahrscheinlich hängt die Wirksamkeit von der Entwicklung der ätherischen Öle und Duftstoffe ab. Dabei spielen Bodenverhältnisse, Licht und Wärme eine entscheidende Rolle. Sie müssen probieren, was in Ihrem Garten den meisten Erfolg verspricht.
Im Handel ist ein Schnecken-Granulat erhältlich, das nach dem gleichen Prinzip funktioniert wie die aromatischen Pflanzen. Es handelt sich um Lavakörner, die mit intensiven Duftstoffen getränkt sind (siehe Bezugsquellen).

Anti-Schnecken-Mulch

Mulchdecken aus Farn- oder Tomatenblättern halten Schnecken ebenfalls von den Beeten fern. Auch hier macht sich der strenge Geruch wahrscheinlich abwehrend bemerkbar.
In regenreichen Wochen und bei schweren Böden dürfen allgemein nur dünne Mulchschichten ausgelegt werden. Verwenden Sie nur angetrocknetes Material und erneuern Sie die Bodendecken lieber öfter. Unter dickem Mulch können im feuchten Dunkel wahre Schneckenparadiese entstehen!

Natürliche Hindernisse

Streuen Sie **Gesteinsmehl**, **Kalk** oder **Holzasche** auf die Erde. Gesteinsmehl können Sie auch über die Blätter pudern. Diese scharfen Substanzen scheuen die Schnecken. Die Mittel wirken allerdings nur bei trockenem Wetter. Länger haltbar ist reiner **Sand**, der auf den weichen Körper wirkt wie messerscharfe winzige Kristalle.
Tannennadeln oder scharfkantiges **Schilfhäcksel** scheuen die weichhäutigen Schnecken (Bezugsquelle im Anhang).
Schließlich ist auch das trockene **Sägemehl** den Schnecken

Eine Mulchdecke aus den Blättern des Wurmfarns hält die Schnecken vom Erdbeerbeet fern.

unangenehm. Man streut es seit Generationen vor allem als dicken Schutzwall um junge Bohnen oder Dahlien herum.

Schneckenzäune

Zuverlässige Barrieren gegen zuwandernde Schnecken bilden Schneckenzäune mit nach außen abgewinkelten Kanten, die man in unterschiedlichen Ausführungen kaufen kann.
Ein sehr solides Modell ist der »Bio-Fix«-Schneckenzaun, eine Schweizer Erfindung. Er besteht aus verzinkten Blechen, die fast unbegrenzt haltbar sind. Die Oberkante hat ein nach außen abgewinkeltes Profil. Dieses Hindernis vermögen die Schnecken nicht zu überwinden. Die

Die abgewinkelte Kante des »Bio-Fix« Schneckenzauns ist für Schnecken unüberwindbar. Die Pflanzen im Beet sind gut geschützt.

Bleche können beliebig lang aneinandergesetzt werden. Sie bewähren sich vor allem, wenn man ein Anzuchtbeet damit einfriedet. So werden die gefährdeten Jungpflanzen besonders geschützt. Schnecken, die sich eventuell noch im Innenraum befinden, fangen Sie am besten mit Bierfallen weg.

Lockende Bierfallen

In zahlreichen Gärten werden Bierfallen mit Erfolg genutzt.

Manche Gärtner berichten, dass durch Bierfallen Schnecken in Scharen in den Garten gelockt werden. Das hängt sicher von den örtlichen Gegebenheiten ab. Beobachten Sie die Situation und wählen Sie notfalls andere Mittel.

Sie können sich diesen verführerisch duftenden Hinterhalt leicht selber bauen. Graben Sie Joghurt- oder Quarkbecher ebenerdig in die Beete ein. Die Gefäße dürfen nicht zu flach sein. Dann schneiden Sie in einen etwas umfangreicheren Plastikbecher ringsum mehrere Schlupflöcher und stülpen dieses Gefäß über den eingegrabenen Becher. Zum Schluss legen Sie einen starken, rundgebogenen Draht über das »Dach« und drücken ihn mit den Enden tief in die Erde. Diese »Sturmsicherung« und die Überdachung schützen den Inhalt der Falle bei Regenwetter vor dem Verwässern.

Am Abend werden die Becher zu zwei Dritteln mit Bier gefüllt. Der Geruch von Hopfen und Malz lockt Schnecken aller Größen magisch an. Sie ertrinken dann beim »Dämmerschoppen« in den glattwandigen Fallen. Vergessen Sie nicht, die Becher zu reinigen und immer wieder mit Bier zu füllen. Auf diese Weise fangen Sie große Mengen Schnecken, ohne anderen Tieren zu schaden. Wer handwerklich nicht so geschickt ist, der kann die im Handel erhältlichen Schneckenfallen kaufen. Sie werden ebenfalls mit Bier gefüllt und sind durch ein kleines Dach vor Regen geschützt.

Überlisten und sammeln

In nassen Sommerwochen lohnt es sich, auch andere Fallen auszulegen. Unter feuchten Säcken, Brettern, großen Blättern, umgestülpten Salatköpfen oder ausgehöhlten Früchten verstecken sich die Schnecken gern, sobald es Tag wird. Am Morgen können Sie sie dort in großen Mengen einsammeln.

In schneckengeplagten Gärten lohnt es sich auf jeden Fall, auch am Abend regelmäßig »auf die Jagd« zu gehen. Je mehr Schnecken Sie einsammeln, desto weniger Tiere können sich vermehren. Wenn Sie sehr ausdauernd sind, wird der Druck mit Sicherheit nachlassen.

Unter alten modrigen Brettern verkriechen sich die Schnecken gern über Tag. Sie können dort leicht eingesammelt werden.

Verzweifeln Sie nicht! Die übermaßige Vermehrung der Schnecken wird gestoppt, wenn Sie regelmäßig sammeln.

Ein Eimer voll Schnecken – und was nun?

Wenn die Schneckenjagd einen Sinn haben soll, dann müssen Sie die Tiere entweder umbringen oder forttragen. Wer den Mord scheut – und das gereicht jeden Bio-Gärtner zur Ehre – der sollte wirklich die kleine Mühe auf sich nehmen und ein Eimerchen voller Schnecken an einem Wiesen- oder Waldrand auskippen. Natürlich muss es ein Ort sein, wo die Tiere einem anderen Gärtner oder Bauern keinen Schaden zufügen können.
Grausam und unappetitlich ist leider fast jede Methode der direkten Schneckenabwehr. Hier gibt es für einen naturgemäß arbeitenden Gärtner Grenzen. Es ist zum Beispiel nicht zu verantworten, wenn die Tiere mit einer Schere zerschnitten, mit dem Spaten zerstochen oder mit Salz qualvoll aufgelöst werden. Manche »Praktiker« empfehlen solche Methoden. Wahrscheinlich sind sie dazu nur in der Lage, weil sie »Schädlinge« als »Feinde« betrachten und dabei jedes Mitleid mit einem lebendigen Geschöpf vergessen.
Nur der Vollständigkeit halber sei noch erwähnt, dass biologisch-dynamisch arbeitende Gärtner Schnecken mit kochendem Wasser übergießen und dann 3–4 Tage stehen lassen. Diese Brühe wird über die Beete gegossen. Der Extrakt aus den toten Tierleibern soll lebende Artgenossen abschrecken.

Indische Laufenten

Geschicktere Schneckenfänger als die Menschen sind zahme Enten. Indische Laufenten fressen die Tiere in Mengen und können einen ganzen Garten säubern. Auf Jungpflanzen und Saatbeete darf man diese breitfüßigen »Trampeltiere« allerdings nicht loslassen.
Chinesische Bauern tragen ihre Enten genau zum richtigen Zeitpunkt auf die Felder. Nach getaner Arbeit werden die Schneckenfresser wieder einge-

Indische Laufenten sind zuverlässige Schneckenvertilger. Sie verlangen aber eine artgerechte Haltung.

Weinbergschnecken sorgen dafür, dass sich Nacktschnecken nicht mehr so rasant vermehren. Sie fressen die Eigelege ihrer Verwandten auf. Versuchen Sie Weinbergschnecken im Garten heimisch zu machen. Wenn Sie bleiben und sich vermehren, ist der Erfolg nach 2–3 Jahren beachtlich.

Weinbergschnecken lieben Trockenmauern und dichte Buchsbaumhecken als schützende Verstecke.

Einigermaßen sicher vor Schnecken sind vorgezogene, kräftige Jungpflanzen wie diese Buschbohnen. Bei Aussaaten im Freiland werden oft schon die ersten Keimblätter abgefressen.

sammelt. Westliche Bio-Gärtner müssen sicher noch eine Weile experimentieren, bis sie Enten und Schnecken gleichermaßen im Griff haben. Diese wirklich naturgemäße Schädlingsabwehr lässt sich wohl nur in ländlichen, großen Gärten verwirklichen, denn die Enten brauchen ein flaches Wasserbecken und ein schützendes Gehäuse für die kalte Jahreszeit. Wo Sie Informationen über Laufenten bekommen, erfahren Sie im Bezugsquellenverzeichnis.

Ziehen Sie besonders gefährdete Pflanzen im Gewächshaus oder auf der Fensterbank vor. Schnecken lieben den ersten, zarten Austrieb. Gewächse mit größeren, festen Blättern sind weniger gefährdet. Bewährt hat sich die Vorkultur vor allem bei Buschbohnen und Dahlien.

Für den Notfall: ein umweltverträgliches Schneckenkorn

Darauf haben viele Biogärtner gewartet: ein wirksames Präparat, das die Schnecken trifft, aber dem Ökosystem nicht schadet. Das neue Schneckenkorn heißt »Ferramol«. Es besteht aus einer natürlichen Eisenverbindung, der Hauptwirkstoff ist Eisenphosphat. Wenn es sich im Boden zersetzt, werden die Nährstoffe Phosphat und Eisen frei.
Die blauen Körner sind regenfest; ihre Wirkung bleibt also erhalten, wenn bei nasser Witterung die meisten Schnecken unterwegs sind. Die Tiere werden angelockt. Kurz nachdem sie die ersten Körner aufgenommen haben, hören sie auf zu fressen und ziehen sich in ihre Verstecke zurück. Sie rühren nichts mehr an und sterben.
Für Haustiere, Igel, Vögel, Regenwürner und andere Lebewesen im Garten ist »Ferramol« ungefährlich. Das Präparat ist von der Biologischen Bundesanstalt in Braunschweig geprüft und zugelassen. (Bezugsquelle im Anhang)

Bei allem, was ein Bio-Gärtner in der Not gegen Schnecken unternimmt, sollte er nie vergessen, dass auch diese Tiere Mitgeschöpfe sind, die den Garten und das Leben auf der Erde mit ihm teilen. Für die massenhafte Vermehrung der Schnecken tragen die Menschen Verantwortung, weil sie das ökologische Gleichgewicht zerstörten! Ursprünglich hatten Schnecken auch nützliche Aufgaben: Sie beseitigten verwesende Pflanzenteile und kleine Tiere. Das tun sie auch heute noch. Aber der Zorn über kahlgefressene Saatbeete verdunkelt diesen positiven Aspekt. Bio-Gärtner möchten mit ihrem Garten in Frieden leben. Schließen Sie auch die Schnecken davon nicht ganz aus.

Mittel gegen Läuse

Es gibt sehr verschiedene Läusearten. Besonders verbreitet und allgemein bekannt sind die Grünen und Schwarzen Blattläuse. Sie führen ein sehr bewegtes Leben. Auf bestimmten Pflanzen und in den Ritzen der Baumrinde überwintern die Eier dieser Insekten. Im Frühling schlüpfen Weibchen aus, die bis zum Spätsommer ohne Befruchtung lebende Junge gebären. In dieser Zeit entstehen in kurzen Abständen zahlreiche Blattlaus-Generationen, die alle rasch wieder vermehrungsfähig werden. Bei warmem Wetter dauert dieser Prozess manchmal nur eine Woche.
Erst im Herbst entstehen plötzlich männliche und weibliche Blattläuse. Nach der Befruchtung legen die Weibchen dann nur noch Eier ab, die auch harte Winter meist unbeschadet überstehen.

Typisch für Dicke Bohnen ist die Invasion der Schwarzen Blattläuse in den Triebspitzen. Keine Panik – die Marienkäfer sind schon unterwegs und räumen kräftig auf!

Die Schwarzen Läuse an den Dicken Bohnen (Puffbohnen) können Sie vorbeugend überlisten durch möglichst frühe Aussaat und einen luftigen Stand. Sobald Läuse auftauchen, kneifen Sie die Spitzen der Pflanzen aus.

Eine weitere Besonderheit im abwechslungsreichen Läuseleben besteht darin, dass einem Teil der Tiere während des Sommers Flügel wachsen. Diese Läuse können sich dann über größere Distanzen ausbreiten und neue Futterquellen ausfindig machen. Außer den verschiedenen Blattlausarten finden sich im Garten vor allem noch Blut- und Schildläuse.
Aus diesem kleinen Einblick in das überraschend interessante Dasein der kleinen Insekten kann ein Gärtner schon schließen, dass er keinen leichten Stand hat. Läuse sind anpassungsfähig und können sich mit großer Geschwindigkeit vermehren. Die verschiedenen Blattlausarten fügen den Pflanzen Schäden zu, indem sie sie anstechen und Pflanzensaft aussaugen. Dabei entstehen Gewebeschäden an den Blät-

Doldenblüten wirken wie Magnete, die Schwebfliegen magisch anlocken. Die Larven dieser Insekten gehören zu den unermüdlichen »Läusefressern«.

tern. Die Tiere können auch Viruserkrankungen übertragen. Außerdem scheiden sie einen zuckerhaltigen Saft aus, den Honigtau. Dieser überzieht die Blätter mit einer klebrigen Schicht, auf der sich ein Pilz ansiedelt. So entsteht der schwarze Rußtau.

Versuchen Sie möglichst viele Nützlinge im Garten heimisch zu machen. Hängen Sie Nistkästen für die Vögel auf und Blumentöpfe mit Holzwolle, in denen die Ohrwürmer sich verkriechen können. Die Blüten von Dill, Teefenchel und wilden Möhren locken Schwebfliegen in den Garten.

Natürliche Läusevertilger

Marienkäfer, Schwebfliegen, Florfliegen, Schlupfwespen, Ohrwürmer, Raubwanzen, Laufkäfer und Vögel haben Läuse auf ihrem Speiseplan. Wo diese Nützlinge reichlich vorhanden sind, da halten sie die Schädlinge in erträglichen Grenzen. Dazu brauchen sie allerdings selber genügend Lebensraum im Garten.

Vorbeugende Maßnahmen

Wichtig ist vor allem eine harmonische Ernährung der Pflanzen. Ausgewogene Bodenpflege und Düngung sorgen dafür, dass kräftige, widerstandsfähige Gewächse entstehen. Blattläuse bevorzugen überdüngte Pflanzen mit schwammigem Gewebe. Gefährdet sind aber auch schwächliche Kümmerlinge, die zu wenig Nahrung erhielten. Der richtige Standort, genügend Licht und gute Luftzirkulation tragen ebenfalls zur Abwehr der kleinen Schmarotzer bei. Wichtig ist es auch, dass der Boden öfter gelockert und feucht gehalten wird. Am besten geschieht dies durch Mulchdecken. Bei einem plötzlichen Auftauchen der Blattläuse kann ein kräftiger Guss mit Brennnessel-Jauche bereits hilfreich sein. Manchmal vertreibt diese Maßnahme den Spuk innerhalb weniger Tage. Die Pflanzen nehmen diese nahrhafte, stärkende Brühe sehr rasch auf und sind deshalb schon nach kurzer Zeit widerstandsfähiger gegenüber Schädlingen. Die Brennnessel-Jauche wirkt also »von innen«. Eine vorbeugende Stärkung vieler Pflanzen erreichen Bio-Gärtner auch durch das Überpudern der Blätter mit Steinmehl oder Algenpräparaten.

Abwehr und Notwehr

sind auf vielerlei Weise möglich. Pflanzen-Brühen, Kräuter-Tees und der Brennnessel-Kaltwasserauszug können gegen Läuse eingesetzt werden. Wenn nur wenige Tiere auftauchen, kann

der Bio-Gärtner sie mit der Hand ablesen oder mit einem Wasserstrahl abspritzen. Bei stärkerem Befall wirken vor allem die umweltschonenden Niembaum-Präparate sehr zuverlässig. Quassia oder Schmierseifen-Brühe und auch die im Handel erhältlichen natürlichen Pyrethrum-Präparate gehören zu den rettenden Mitteln in Notfällen. Sie treffen aber auch Nützlinge.
Die folgenden Ratschläge sind auf die verschiedenen Läusearten und ihre »Lieblingspflanzen« abgestimmt:

- **Grüne Blattläuse** – dazu gehören zum Beispiel die Grüne Apfelblattlaus, die Grüne Pfirsichblattlaus, die Grüne Pflaumenblattlaus und die Rosenblattlaus.
  Gießen Sie Obstbäume und Rosen mit Brennnessel-Jauche. »Beißende Brennnessel-Brühe« muss mehrmals kurz hintereinander gespritzt werden (Rezept S. 43). Wirksam sind auch selbst hergestellte Spritzbrühen aus Farnkraut, Wermut oder Rainfarn. In Notfällen nehmen Sie Niembaum-Präparate.
  Bei Obstbäumen tragen eine gepflegte Baumscheibe und der Stammanstrich (siehe Seite 88) zur Schädlingsabwehr bei. Im Rosenbeet gehört der Lavendel zu den läuseabwehrenden Nachbarpflanzen.

Die Kapuzinerkresse hilft dem Gärtner gegen Schwarze Läuse und Blutläuse an den Obstbäumen.

- **Schwarze Läuse** an Bohnen, Kirschbäumen oder Blütensträuchern können mit den allgemein gegen Läuse angewendeten Mitteln in Grenzen gehalten werden. Ergänzend dazu noch ein Tipp: Säen Sie Bohnenkraut als Nachbarpflanze zu Buschbohnen. Das stark duftende Kraut wehrt Läuse ab.
  Wenn die Bohnen nicht allzu stark von Schwarzen Läusen befallen sind, helfen auch Spritzungen mit Rhabarber-Tee (siehe Tabelle Seite 41). Unter den Kirschbäumen können Sie auf der Baumscheibe Kapuzinerkresse aussäen.
  Diese Abwehrpflanze zieht die Schwarzen Läuse an und entlastet dadurch den Obstbaum.
- **Blutläuse** sitzen unter wolligen Wachsausscheidungen vor allem in den Ritzen der Baumstämme. Wenn man sie zerdrückt, erscheint ein braunroter Saft. Diese Läuse kommen vor allem an Apfelbäumen, Weiß- und Rotdorn vor. Ihr wichtigster natürlicher Feind ist die Blutlauszehrwespe.
  Wo es möglich ist, sollten Sie die Stellen mit Blutlaus-Kolonien gründlich abbürsten. Stark verseuchte Zweige müssen Sie eventuell abschneiden. Wichtig ist der Stammanstrich (siehe Seite 88), der die Schlupflöcher vermindert.
  Ein bewährtes naturgemäßes Abwehrmittel ist die Aussaat

Brühen Sie aus den frischen Blättern der Kapuzinerkresse einen starken Tee auf, der 10–15 Minuten ziehen muß. Nach dem Absieben können Sie dieses Konzentrat in einer verschlossene Flasche kühl aufbewahren. Kapuzinerkresse-Tinktur wird unverdünnt über die Blutläuse gepinselt.

von Kapuzinerkresse auf der Baumscheibe. Diese Maßnahme müssen Sie allerdings mehrere Jahre hintereinander durchführen.
Im übrigen können Sie in Notfällen mit Farnkraut-Brühe oder Schmierseifen-Brühe spritzen.

- **Schildläuse** besitzen einen festen Schild, der sie wie ein kleiner Panzer einhüllt. Sie sind deshalb schwieriger zu treffen als die weichhäutigen Läusearten. Die weiblichen Tiere sind fest mit ihrem Standort verbunden. Besonders häufig findet man sie an Obstbäumen und Beerensträuchern. Schildläuse befallen auch manche Zimmerpflanzen. Sie bilden Kolonien, die vor allem die Zweige mit festen Krusten überziehen. Obstbäume können Sie durch regelmäßigen Stammanstrich schützen.

Schildläuse, wie hier am Oleander, sind nur schwer mit Spritzmitteln zu erreichen. »Handarbeit« ist erfolgreicher.

Bevor ein biologisches Mittel angewendet wird, sollten Stämme und Äste gründlich abgebürstet werden. An Kübelpflanzen wie Oleander oder Lorbeer zerdrücken Sie die Tiere. Als Spritzmittel helfen Schmierseifen-Brühe vermischt mit Spiritus und Pyrethrum-Präparate.
Denken Sie bei allen Abwehrmaßnahmen stets daran, dass ein Teil der Läuse auch als Nahrung für Vögel, Marienkäfer, nützliche Wespenarten, Florfliegen und Schwebfliegen dient. Eine radikale Vertreibung hätte nicht nur für die »Schädlinge«, sondern auch für die »Nützlinge« tödliche Folgen. Wenn sich ein natürliches Gleichgewicht zwischen beiden wieder einpendelt, hat der Bio-Gärtner sein Ziel erreicht.

Mittel gegen Wühlmäuse

Wühlmäuse werden auch Schermäuse, Erdratten oder Wühlratten genannt. Diese Nagetiere können dort, wo sie in Mengen auftauchen, im Garten große Schäden anrichten. Der Gärtner bekommt die Tiere, die nur nachts ihre Gänge verlassen, selten zu Gesicht. Sie sind 12–20 cm groß, der Schwanz misst bis zu 10 cm. Typisch für Wühlmäuse ist eine gedrungene Kopfform; die Ohren sind klein und fast im Fell verborgen. Das Haarkleid ist auf dem Rücken braun, am Bauch hell gefärbt.
Bio-Gärtner dürfen die Gänge der gefräßigen Erdratte nicht mit denen des nützlichen Maulwurfs verwechseln. Beachten Sie die folgenden Unterschiede: Wühlmaushügel sind flacher als Maulwurfshügel. Die unterirdischen Gänge der Schermaus verlaufen gerade; die Wände sind glatt, der Durchmesser gleicht einem stehenden Ei. Die Ausgänge werden von den Tieren stets sorgfältig verschlossen.
Maulwurfsgänge sind meist rundlich geformt, selten queroval. Sie verlaufen in Windungen. An den Wänden hängen

Obstbaumwurzeln gehören zu den Lieblingsspeisen der Wühlmäuse. Dieser junge Apfelbaum wird die Attacke der hungrigen Nager wohl nicht überleben.

Wurzelreste, die den Maulwurf nicht weiter interessieren, weil er als Fleischfresser auf der Jagd nach Larven, Engerlingen, Würmern und Nacktschnecken ist.
Wühlmäuse fressen dagegen mit Vorliebe Wurzeln und Rinde. Wurzelgemüse und Salatpflanzen mit ihren langen Pfahlwurzeln sind besonders gefährdet. Junge Obstbäume und Rosensträucher gehören zu den beliebten Zielen der Nagetiere. Tulpen- und Lilienzwiebeln schätzen sie als Delikatessen ebenso wie die Wurzelstöcke von Pfingstrosen und Rittersporn. Narzissenzwiebeln rühren die Tiere dagegen nicht an!

Natürliche Wühlmaus-Vertilger

sind Hauskatzen, Wiesel, Iltis, Greifvögel, Waldkauz und Schleiereulen. Die Wildtiere tauchen allerdings nur noch sehr selten in Gartennähe auf.

Vorbeugende Maßnahmen

helfen gegen Wühlmausplagen nur sehr begrenzt. So sollten in naturgemäßen Gärten die Mulchdecken nur dünn ausgelegt werden, sobald Erdratten entdeckt werden. Kontrollieren Sie öfter mit einem Holzstab, der an verschiedenen Stellen in die Erde gestoßen wird, ob sich Gänge unter dem Mulch befinden.
Abwehrpflanzen, die unter anderem durch ihre intensiven Gerüche die Nagetiere stören, können rechtzeitig rings um den Garten oder um besonders gefährdete Beete gepflanzt werden. Dazu gehören: Kaiserkrone *(Fritillaria imperialis)*, Wolfsmilch *(Euphorbia lathyris)*, Hundszunge *(Cynoglossum officinale)*, Knoblauch und Schwarze Johannisbeeren. Absolut zuverlässig wirkt dieser pflanzliche Wühlmausschreck aber nicht. Am besten kombinieren Sie solche Abwehrpflanzen mit anderen Mitteln, um mehr zu erreichen.

Abwehr und Notwehr

müssen sorgfältig und ausdauernd ausgeübt werden, wenn

In einem stark von Wühlmäusen geplagten Garten werden Tulpen und kleine Zwiebelblumen regelmäßig aufgefressen. Pflanzen Sie dann besser Narzissen. Diese Zwiebeln enthalten ein giftiges Alkaloid und werden von den Mäusen nicht angerührt. An Narzissen haben Sie jahrelang ungetrübte Freude.

Die Hundszunge *(Cynoglossum officinale)* gehört zu den Pflanzen, die eine gewisse Abwehrwirkung auf Wühlmäuse ausüben.

die Tiere wirklich erfolgreich vertrieben oder dezimiert werden sollen. Wühlmäuse haben sehr empfindliche Ohren und gute Nasen. Denken Sie daran, wenn Sie Fallen oder Köder auslegen. »Menschengeruch« wirkt immer als Warnsignal. Arbeiten Sie deshalb mit Gartenhandschuhen, oder reiben Sie Ihre Hände gründlich mit Erde ab. Ein altes Abwehrmittel sind **leere Flaschen**, die etwas schräg in die Erde eingegraben werden. Wenn der Wind über die Öffnungen streicht, erzeugt er einen feinen Pfeifton, der den Ohren der Wühlmäuse unangenehm ist.

Vertrieben werden die Tiere auch, wenn der Gärtner **stark riechende Substanzen** in die Gänge legt. Bewährt haben sich in biologischen Gärten zum Beispiel Thujazweige, Nussbaumblätter, Knoblauchzehen, Fischköpfe und Jauche aus Holunderblättern.

Auch mit **Menschenhaaren** kann man Wühlmäuse erfolgreich vergraulen. Größere Mengen bekommt man beim Friseur. Stopfen Sie möglichst viele Haare in die gefundenen Gänge. Wahrscheinlich ist es der intensive »Feindgeruch«, der die vorsichtigen Mäuse in die Flucht jagt. Die Haare zersetzen sich übrigens mit der Zeit im Boden und bilden dabei sogar Nährstoffe.

Auch **Topinamburpflanzungen** haben einen nützlichen Effekt: Wühlmäuse lieben die Knollen dieser sonnenblumenähnlichen Stauden. Unter den Wurzeln kann der Gärtner sie leicht und in größeren Mengen aufspüren. Mit Hilfe von Fallen oder Ködern kann er die Tiere dann fangen. Außerdem werden durch eine solche Lockpflanzung andere Kulturen im Garten verschont.

Hundertprozentig wirken alle diese Methoden nicht, vor allem wenn Wühlmäuse in größeren Mengen auftauchen oder aus der Umgebung immer wieder einwandern. Am besten probieren Sie diese Maßnahmen als zusätzliche Abwehr aus.

Die Wurzeln von Gehölzen werden bei der Pflanzung oft mit schützendem **Maschendraht** umgeben. Auch diese Methode ist nicht absolut sicher. Hungrige Wühlmäuse sind sehr geschickt. Mit ihren kräftigen Zähnen zerbeißen Sie zum Beispiel mühelos die im Handel angebotenen **Plastikkörbchen**, die Blumenzwiebeln schützen sollen.

Sehr zuverlässig wirkt im Grunde nur ein tödliches Mittel: Fallen. Speziell konstruierte **Wühlmausfallen** sind überall im Fachhandel erhältlich. Sie müssen aber geschickt gehandhabt und eine Zeitlang systematisch aufgestellt werden. Damit kann der Gärtner die Zahl der schädlichen Nager verringern.

Sehr nützlich ist es, wenn Sie Ihre Wühlmaus-Aktion mit den Nachbarn absprechen und gemeinsam handeln. Anderenfalls kann es passieren, dass Sie die Nager nur über die Grenze treiben. Nach einiger Zeit werden die Tiere unweigerlich zu Ihnen zurückkehren. In diesem Fall ist

Auf Kater Leo kann man sich verlassen: Er fängt eine Wühlmaus nach der anderen und macht den Nagern das Leben schwer.

auch einem friedfertigen Gärtner nur geholfen, wenn die Maus mausetot ist. Leider. Am besten überlassen Sie diese »Arbeit« einer tüchtigen Katze, die von der Natur für die Mäusejagd vorgesehen ist.

Mittel gegen Echten Mehltau

Zu den am weitesten verbreiteten Pilzerkrankungen im Garten gehört der Echte Mehltau. Er zeigt sich deutlich durch einen weißen, »mehligen« Belag auf der Oberfläche der Blätter, die dann frühzeitig verdorren. Der Echte Mehltau ist ein Schönwetter-Pilz, der sich vor allem in schwülwarmen Sommerwochen ausbreitet. Besonders anfällig sind Rosen, Rittersporn, Phlox, Astern, Stachelbeeren, Obstbäume, Gurken, Erbsen und Erdbeeren.

Vorbeugende Maßnahmen

beginnen bereits beim Samen- und Pflanzenkauf. Sowohl bei den Zierpflanzen als auch bei Gemüse und Obstarten wurden zahlreiche mehltauresistente Sorten gezüchtet. Achten sie darauf besonders bei Spinat, Gurken, Astern, Rittersporn, Rosen und Stachelbeeren.
Luftiger Stand mit genügend Zwischenraum, gute Bodenbedingungen und günstiges Kleinklima beugen ebenfalls dem Pilzbefall vor. Übermäßig getriebene Pflanzen werden leicht ein Opfer der Pilzinfektion. Harmonische Düngung und kräftiger Wuchs schützen dagegen Blätter vor dem Eindringen der Sporen.
Bei Stachelbeeren ist es wichtig, beim Auftauchen des Mehltaus die Triebspitzen bis ins gesunde Holz einzukürzen. Denn die Pilzsporen überwintern in den Spitzen! Auch bei anderen Pflanzen hilft es, wenn mehltauverseuchte Blätter zu Beginn der Erkrankung möglichst rasch abgeschnitten werden. So beugen Sie der weiteren Verbreitung vor.
Sehr bewährt hat sich seit Jahrzehnten die Schachtelhalm-Brühe als vorbeugendes Spritzmittel gegen Pilzerkrankungen (siehe Rezept Seite 43). Sie können dazu frisches Kraut oder getrocknete Droge verwenden. Im Handel sind mehrere Schachtelhalm-Präparate zu kaufen (siehe Tabelle Seite 52). Besonders wirkungsvoll ist der kieselhaltige Schachtelhalm, wenn die Brühe im Abstand von 2 Wochen mehrmals vorbeugend über die Pflanzen und den Boden versprüht wird. Dies geschieht am besten an einem sonnigen Vormittag. Sie können

Wenn der Phlox so stark von Mehltau befallen ist, dann sind wahrscheinlich Kulturfehler dafür veranwortlich.

damit bereits im späten Frühling beginnen, sobald die Blätter erscheinen.
Ähnlich wie Schachtelhalm kann Wasserglas eingesetzt werden. Dieses Mittel wird nach Bedarf mit Netzschwefel gemischt. Vorbeugende Spritzungen gegen Mehltau können Sie auch aus Rainfarn-Tee, gemischt mit Schachtelhalm (Rezept: Tabelle Seite 41), durchführen. Eine Jauche aus Knoblauch und Zwiebeln (Rezept: Tabelle Seite 40) stärkt die Abwehrkräfte der Pflanzen gegenüber Pilzerkrankungen. Nach den Erfahrungen biologisch arbeitender Gärtner wirkt dieses natürliche Spritzmittel besonders bei Kartoffeln und Erdbeeren. Knoblauch-Tee (siehe Tipp) ist wissenschaftlich getestet und hat sich hervorragend bei Gurken-Mehltau bewährt.

Der Sachalin-Staudenknöterich gedeiht auch in Mitteleuropa. Aus seinen Blättern wird ein wirksamer Extrakt gegen Mehltau gewonnen.

Extrakte aus Sachalin-Staudenknöterich *(Reynoutria sachalinensis)* sind ebenfalls in wissenschaftlichen Versuchen mit Erfolg getestet worden. Im Handel wird ein fertiges Präparat unter dem Namen »Milsana« angeboten.
Neu ist ein kombiniertes Niembaum-Präparat. Im Handel gibt es außerdem noch eine ganze Reihe von Bio-Präparaten, die vorbeugend gegen Echten Mehltau und andere Pilzerkrankungen wirken. Alle Handels-Präparate finden Sie in der Tabelle Seite 50–52.

Direkte Abwehr

gelingt beim Echten Mehltau nur mit wenigen naturgemäßen Mitteln. Wenn die Pflanzen bereits mit dem weißen Pilzbelag überzogen sind, können Bio-Gärtner vor allem Spritzmittel einsetzen, die Netzschwefel enthalten. Meist sind diese Präparate außerdem mit Wildkräuter-Auszügen, Zwiebel-Extrakten und Naturmineralen gemischt. Die wichtigsten dieser im Handel angebotenen Mittel finden Sie in der Tabelle ab Seite 50.
Ein rein pflanzliches Fungizid (Mittel gegen Pilzkrankheiten), das von der Biologischen Bundesanstalt nach umfangreichen Versuchen zugelassen wurde, ist das Präparat »BioBlatt-Mehltaumittel«. Dieses Spritzmittel enthält als Hauptwirkstoff ein Pflanzenöl, das aus Sojabohnen gewonnen wird. Es wirkt bei Rosen und anderen Zierpflanzen auch dann, wenn der Echte Mehltau bereits ausgebrochen ist. Vorbeugende Spritzungen mit »BioBlatt« stärken die Widerstandskraft von Stachelbeeren und Gurken gegen Pilzerkrankungen.
Die meisten biologischen Mittel gegen Pilzerkrankungen wirken dagegen »nur« vorbeugend. Diese Behandlung ist aber sehr sinnvoll, weil damit dem Ausbruch der Krankheit bereits rechtzeitig ein Riegel vorgeschoben wird.
Stärker eingreifende Mittel werden dadurch oft nicht gebraucht.

10 g zerkleinerte Knoblauchzehen werden mit 1 l kochendem Wasser überbrüht. Dieser Aufguss bleibt anschließend noch 24 Std. stehen. Dann wird der konzentrierte Tee abgesiebt. Knoblauch-Tee muß 1:3 mit Wasser verdünnt werden. Er wirkt ausgezeichnet gegen Mehltau an Gurken. Im Garten muss das Spritzmittel 6 Wochen lang alle 5 Tage über die Pflanzen gesprüht werden. (Getestetes Rezept der BBA in Darmstadt)

Wichtige Schädlinge und Krankheiten im Überblick

Außer den besonders weit verbreiteten Plagen tauchen natürlich noch zahlreiche andere Schädlinge und Krankheiten im Garten auf. Wie die wichtigsten von ihnen aussehen und was Sie dagegen unternehmen können, erfahren Sie in diesem Überblick.

Erdflöhe

Die kleinen glänzend schwarzen Blattkäfer können auffallend weit springen – ähnlich wie Flöhe.
Schaden: Vor allem im Frühling fressen die Erdflöhe, die hungrig aus dem Winterschlaf erwacht sind, Löcher in die Blätter von Radieschen, Kohlrabi und Rettich. Diese sehen dann aus wie durchsiebt.
Naturgemäße Abwehr: Erdflöhe lieben trockene Erde. Halten Sie die Beete feucht und mulchen Sie. Zur Abwehr können Sie auch Wermut- oder Rainfarn-Tee spritzen.
Handels-Präparate: Normalerweise sind stärkere Mittel nicht nötig. Verwenden Sie notfalls nützlingsschonende Niembaum-Präparate.

Blühende Ginsterzweige vertreiben Erdflöhe. Achten Sie aber auch darauf, dass der Boden immer feucht ist.

Grauschimmel

Der Pilz, der den Grauschimmel verursacht, ist ein ausgesprochener Schwächeparasit. Seine Opfer sind vor allem überdüngte oder schwächliche Pflanzen. Auch Licht und Luftmangel oder große Feuchtigkeit sind seine Bundesgenossen.
Schaden: Graue Schimmelpilzrasen breiten sich über Blätter und Früchte aus. Das Gewebe stirbt ab. Besonders gefährdet sind Erdbeeren, Himbeeren, Bohnen, Gurken, Salat, Zwiebeln und Zwiebelblumen.
Naturgemäße Abwehr: Hilfreich sind ausgewogenene Düngung, richtiger Standort, genügend Licht und Luft. Wählen Sie widerstandsfähige Sorten aus.

Speisezwiebeln sind ebenso durch Grauschimmel gefährdet wie zahlreiche Blumenzwiebeln.

Vorbeugende Spritzungen mit Schachtelhalm-Brühe sind empfehlenswert. Pflanzen Sie Knoblauch zwischen gefährdete Kulturen. Wenn die Krankheit ausbricht, müssen alle infizierten Pflanzenteile sofort vernichtet werden.

Eine alte Bauerngarten-Erfahrung: Gegen Erdflöhe legen Sie blühende Zweige des wild wachsenden Besenginsters zwischen gefährdete Pflanzen. Der intensive Duft vertreibt die gefräßigen Käfer.

Sammeln Sie die schwarz-gelb gestreiften Kartoffelkäfer samt ihren Larven und Eiern ein, bevor sie die Pflanzen zerfressen. Das ist im Garten die beste Schutzmaßnahme.

Handels-Präparate: Alle Mittel müssen möglichst vorbeugend oder sehr frühzeitig gespritzt werden: Algenpräparate, Milsana, Neudo-Vital.

Kartoffelkäfer

Die etwa 1 cm großen Käfer sind gut zu erkennen. Sie sind gelb gefärbt und mit schwarzen Streifen gezeichnet. Die Weibchen legen länglich-ovale gelbe Eier an der Unterseite der Kartoffelblätter ab. Etwa zwei Wochen später schlüpfen daraus rötliche Larven.

Schaden: Sowohl die Käfer als auch die Larven zerfressen das Kartoffellaub. Wenn sie sich stark vermehren, bleiben nur noch die Blattrippen übrig.

Naturgemäße Abwehr: Achten Sie auf Laufkäfer, sie sind die natürlichen Feinde der Kartoffelkäfer-Larven. Sammeln Sie Käfer, Eier und Larven rechtzeitig ab. Dies ist im Garten die erfolgreichste Schutzungsmaßnahme. Zusätzlich können Sie mit Farnkraut mulchen und mit Farnkraut-Brühe spritzen.

Handels-Präparate: Algen-Präparate stärken die Pflanzen. Pyrethrum-Staub sollte wegen der Gefahr für Nützlinge möglichst nicht verwendet werden.

Kohlhernie

Bei dieser gefährlichen Pilzerkrankung überleben die Dauersporen jahrelang im Boden.

Schaden: An den Wurzeln der Kohlgewächse bilden sich knotige, krebsartige Wucherungen. Die Pflanzen kümmern.

Naturgemäße Abwehr: Nasse, saure Böden begünstigen den Pilz. Sorgen Sie für ein neutrales bis schwach alkalisches Milieu (pH 7). Machen Sie einen Kalktest. Algenkalk ins Pflanzloch streuen und die Wurzeln vor der Pflanzung in eine Schachtelhalm-Lehm-Brühe tauchen, sind vorbeugende Maßnahmen. Vielseitige Mischkulturen verhindern die Ausbreitung des Erregers. Setzen Sie keine Kreuzblütler in die Nähe des Kohls –

Die Wucherungen an den Wurzeln des Chinakohls zeigen, dass die gefährliche Pilzkrankheit Kohlhernie ausgebrochen ist.

sie werden ebenfalls von der Krankheit befallen. Verwenden Sie keinen frischen Mist. Hilfreich sind alle Maßnahmen, die gesundes Wachstum fördern. Wo die Kohlhernie ausgebrochen ist, dürfen 4–7 Jahre keine Kohlpflanzen und andere Kreuzblütler angebaut werden.
Handels-Präparate: Es gibt keine direkt wirksamen.

Kohlweißlings-Raupen

Die rahmweißen Schmetterlinge mit den schwarzen Flügelspitzen legen ihre gelben Eier an der Unterseite von Kohlblättern ab. Schon nach 1–2 Wochen schlüpfen die Raupen aus. Die Nachkommen des Großen Kohlweißlings sind hellgrün gefärbt und schwarz gepunktet, die des Kleinen Kohlweißlings sind kleiner und einfarbig blaßgrün.
Schaden: Die Kohlblätter werden durchlöchert und oft bis auf die Rippen kahlgefressen.
Naturgemäße Abwehr: Sammeln Sie Eier und Raupen der Kohlweißlinge regelmäßig ab. Mischkultur mit Tomaten oder Sellerie und Spritzungen mit Rainfarn- oder Wermut-Tee halten die Schmetterlinge fern.
Handels-Präparate: *Bacillus-thuringiensis*-Präparate, die Nützlinge schonen.

Kraut- und Knollenfäule

Diese Pilzerkrankung gefährdet vor allem Tomaten, Kartoffeln und Paprika. Bei nasskalter Witterung breitet sich die Krankheit schnell aus.
Schaden: Auf den Blättern bilden sich braune bis schwärzliche Flecken. Bei trockenem Wetter verwelkt das Laub, bei Regen fault es. Auf den Tomatenfrüchten entstehen braune, runzelige Flecken, die später faulen. Die Kartoffelknollen zeigen eingesunkene Flecken, unter denen sich das Fleisch braun verfärbt.

Kohlweißlings-Raupen sind gut sichtbar. Sammeln Sie sie ab, bevor sie größeren Schaden anrichten können.

Die Krautfäule ist an diesem Kartoffelblatt schon weit fortgeschritten. Naßkalte Witterung begünstigt diese Pilzkrankheit.

Naturgemäße Abwehr: Pflanzen Sie Tomaten und Kartoffeln wegen der Ansteckungsgefahr nicht nahe zusammen. Wählen Sie widerstandsfähige Sorten. Hilfreich sind alle wachstumsstärkenden Mittel, siehe auch Kapitel »Tomaten« Seite 78 f. Kranke Blätter sollten sofort entfernt und vernichtet werden.
Handels-Präparate: Algen-Präparate und Steinmehl zur Blattstärkung, Pilzvorbeuge, Neudo-Vital und Bio-S flüssig vorbeugend spritzen.

Lauchmotte

Die kleinen, braun-grauen Motten legen im Frühling ihre Eier an jungen Lauchpflanzen ab. Die ausgeschlüpften Raupen fressen sich ins Innere der Blätter.

Schneiden Sie angefressenen Lauch möglichst rasch zurück. Die Pflanzen treiben dann neu und gesund aus.

Schaden: Miniergänge führen von den Blättern bis tief in den Schaft der Lauchpflanzen.
Naturgemäße Abwehr: Legen Sie rechtzeitig Gemüsefliegennetze über die Beete. Mischkulturen mit Möhren oder Sellerie lenken die Motten ebenso ab wie Spritzungen mit Wermut-Tee. Eier und Raupen müssen rechtzeitig abgesammelt werden.
Handels-Präparate: *Bacillus-thuringiensis*-Präparate.

Hier hat sich die Larve einer Lauchmotte schon bis in den Schaft der Pflanzen hineingefressen.

Die rotbraunen Gänge dicht unter der Außenhaut der Möhren sind das Werk der Möhrenfliegenlarven.

Möhrenfliege

Die Möhrenfliege sieht der Stubenfliege sehr ähnlich. Ab Ende Mai legt sie ihre Eier in der Nähe der Möhren in der Erde oder am Wurzelhals ab. Nach wenigen Tagen schlüpfen Maden aus, die sich ins Innere der Möhren fressen.
Schaden: Die Gänge der Larven befinden sich dicht unter der Außenhaut. Sie sind dunkel gefärbt vom Kot der Tiere. Manchmal faulen die Möhren.
Naturgemäße Abwehr: Bauen Sie Möhren in Mischkultur mit Zwiebeln an. Offene, etwas windige Lagen sind günstig. Wer früh aussät, umgeht die Flugzeit der Fliegen. Schützen Sie das Beet mit einem Gemüsefliegennetz. Mulchen mit starkduftenden Kräutern und Spritzungen mit Wermut- oder Rainfarn-Tee lenken die Möhrenfliege ab.
Handels-Präparate: Gemüse-Streumittel.

Spinnmilben

Die winzig kleine Gemeine Spinnmilbe lebt in feinen Gespinsten an der Unterseite von Blättern. Sie ist an Gurken und Bohnen ebenso zu finden wie an Stachelbeeren, Johannisbeeren, Rosen, Malven, Chrysanthemen und zahlreichen anderen Gartenpflanzen.
Die Obstbaumspinnmilbe (Rote Spinne) bevorzugt Apfel-, Pflaumen- und Walnußbäume und Beerensträucher. Diese Milben leben ohne Gespinste.

Die Gemeine Spinnmilbe hat diese Bohnenblätter bereits schwer geschädigt. Die hellen Flecken sind typische Symptome.

Schaden: Die Milben saugen Saft aus den Zellen der Blätter. Dadurch entstehen auf der Oberseite helle Flecken, später sehen die Blätter bronzefarbig gesprenkelt aus. In schlimmen Fällen vertrocknen sie und fallen ab. Bei warmer, trockener Witterung vermehren sich die Milben stark.

Naturgemäße Abwehr: Die wichtigsten natürlichen Feinde sind Raubmilben. Wirksam sind alle Kulturmaßnahmen, die die Pflanzen stärken und für gesundes Wachstum sorgen. Bei Hitze und Trockenheit muß der Boden durch Gießen und Mulchen feucht gehalten werden. Hilfreich können Spritzungen mit Schachtelhalm- oder Rainfarn-Brühe und Knoblauch-Tee sein. Im Gewächshaus helfen käufliche Raubmilben.

Handels-Präparate: Algen-Produkte zur Stärkung, außerdem Neudosan und Niembaum-Präparate.

Weiße Fliege

Die Weißen Fliegen sammeln sich mit ihren Larven an der Unterseite der Blätter. Sie fliegen auf, wenn das Laub bewegt wird. Diese Insekten leben vor allem in Gewächshäusern an Tomaten und Gurken und an Pflanzen, die in Glashäusern großgezogen werden. Dazu gehören zahlreiche Balkonpflanzen wie Geranien, Fuchsien und Wandelröschen.

Weiße Fliegen sammeln sich oft in großen Mengen an der Unterseite der Blätter. Sie kommen vor allem in Gewächshäusern vor.

Schaden: Die Larven der Weißen Fliegen saugen Saft aus den Blättern, dadurch entstehen auf der Oberseite Flecken. Größere Schäden richten die Kotausscheidungen an, die als klebriger »Honigtau« die Blätter überziehen. Darauf siedeln sich große Mengen schwarzer Rußtau-Pilze an. Diese stark verschmutzten Blätter sterben ab.

Naturgemäße Abwehr: Im Gewächshaus hilft die Schlupfwespe *Encarsia formosa*, die zu den käuflichen Nützlingen zählt. Gute Lüftung ist wichtig. Eng stehende Pflanzen sind besonders gefährdet. Vorbeugend helfen alle pflanzenstärkenden Maßnahmen.

Handels-Präparate: Algen-Präparate zur Stärkung, Gelbe Leimtafeln im Gewächshaus, Neudosan und Niembaum-Präparate.

auf einen blick

- Die Schneckenabwehr beginnt mit richtiger Bodenbearbeitung und gezieltem Gießen. Hilfreich sind abschreckende Düfte, Hindernisse wie Schilfhäcksel und Sägemehl, Schneckenzäune, Bierfallen, Indische Laufenten und das neue umweltfreundliche Schneckenkorn 'Ferramol'.
- Wer Blattläuse in Grenzen halten möchte, muss vor allem Nützlinge wie Marienkäfer, Schwebfliegen und Ohrwürmer im Garten heimisch machen.
- Gesunde Ernährung ist wichtig: Kräftige Pflanzen sind widerstandsfähig gegen Läuse.
- Gegen Wühlmäuse werden Abwehrpflanzen wie Kaiserkrone oder Hundszunge eingesetzt. Holunderblätter-Jauche und Menschenhaare wirken abschreckend, Fallen tödlich.
- Gegen Echten Mehltau helfen blattstärkende Mittel. Man kann sie selber herstellen oder kaufen.

Gesundheits-Service für Ihre Lieblingspflanzen

Jeder Gärtner besitzt Pflanzen, die ihm besonders am Herzen liegen. Bei diesen »Lieblingskindern« achtet er ganz besonders auf gute Gesundheit. Wenn dennoch irgendwo ein Schaden auftritt, dann möchte er ihnen möglichst schnell und wirksam helfen.

Die Blüten der bezaubernden Rose 'Centenaire de Lourdes' bilden lockere Büschel, die weit durch den Garten leuchten.

Für solche ausgewählten Kulturen ist dieses Kapitel gedacht. Es enthält zahlreiche Bio-Tipps rund um Ihre Lieblingspflanzen. Darunter gibt es auch einige besondere Empfehlungen oder Rezepte, die im allgemeinen Teil des Buches nicht aufgeführt sind. Wenn Ihnen Ihre Rosen oder Ihre Beeren Kummer bereiten, dann finden Sie auf den folgenden Seiten rasch Antworten auf spezielle Fragen und erste Hilfe in der Not.

Gesunde Rosen

Der erste Schritt zur Gesundheit sind die richtigen Kulturbedingungen. Rosen gedeihen am besten in lehmiger, aber humusreicher und durchlässiger Erde. Sie lieben einen sonnigen Standort und dürfen nicht zu eng gepflanzt werden. Leichte, sandige Böden sollten Sie regelmäßig mit Kompost und Tonmehl verbessern. Schwere, tonige Böden müssen gründlich gelockert werden, bevor Sie dort Rosen pflanzen können. Am besten wirkt tief wurzelnde Gründüngung als Vorfrucht. Sand, Kompost und Mulchdecken tragen auf die Dauer ebenfalls zur Lockerung der Erde bei.
Der ideale Rosendünger ist gut verrotteter Rindermist. Da er für die meisten Bio-Gärtner unerreichbar geworden ist, verwenden Sie am besten einen guten organischen Handelsdünger. Geeignet sind zum Beispiel Hornspäne, Algendünger, echter Guano oder getrockneter Rindermist. Auch eine solche harmonisch abgewogene Düngung trägt bereits dazu bei, dass Ihre Rosen sich zu kräftigen und widerstandsfähigen Pflanzen entwickeln.

◀ Die Zeit der Rosenblüte schwelgt in Farben und Düften. Gute Pflege ist die Voraussetzung für solch üppig-gesundes Wachstum.

Die herrlich duftende Strauchrose 'Centenaire de Lourdes' behält auch im feucht-kühlen Mittelgebirgsklima vollkommen gesunde, grüne Blätter. Während von anderen Sträuchern bereits die rostkranken Blätter rieseln, setzt diese Rose noch einmal Knospen an. Spät im Herbst blühen im vollen Laub halb gefüllte Blüten in klarem Rosa.

Beobachten Sie vor jedem Eingriff Ihre Rosensträucher sehr genau. Wenn Sie Marienkäfer und ihre Larven oder die Larven von Schwebfliegen und Florfliegen entdecken, ist es klüger, nichts zu unternehmen. Diese Nützlinge räumen so tatkräftig unter den Läusen auf, dass der Gärtner nur noch zuzuschauen braucht.

Kluge Auswahl schützt vor Kummer

Achten Sie beim Kauf der Rosen auf Sorten, die zum Klima Ihres Gartens passen. Verzichten Sie lieber in rauhen Landschaften auf empfindliche Neuzüchtungen und frostgefährdete Hochstämmchen. An robusteren Arten und Sorten werden Sie bestimmt mehr Freude haben. Naturgemäß bedeutet hier: angepasst an die Bedingungen einer Landschaft, an Wärme und Kälte, an Regen und Wind.
Wenn Sie die Kataloge guter Baum- oder Rosenschulen aufmerksam lesen, dann werden Sie überall Hinweise auf Winterhärte und robustes Wachstum finden. Umgekehrt machen verantwortungsbewusste Züchter auch auf Schwächen aufmerksam. So ist manchmal eine aparte Liebhabersorte anfällig für Rost oder Mehltau. Wer sie wegen ihrer Schönheit oder ihres Duftes dennoch pflanzt, der weiß worauf er achten muss.

Gießen mit Maß

Nicht nur rauhe Winter bringen Gefahren für die Gesundheit, auch heiße Sommerwochen haben ihre Tücken. So kann ein Gärtner allein durch seine Gießmethode Schaden anrichten oder Unheil vermeiden. Stellen Sie als naturbewusster Gärtner niemals den Wassersprenger vor Ihr Rosenbeet. Die tropfende Nässe verdirbt die Blüten, und die Feuchtigkeit auf den Blättern bildet an warmen Tagen die ideale Voraussetzung für Pilzinfektionen!
Gießen Sie auch niemals in den heißen Mittagsstunden. Jeder Tropfen auf den Blättern wirkt dann wie ein Brennglas. Die Folge sind Verbrennungsschäden. Wässern Sie bei trockenem Wetter zwei- bis dreimal in der Woche gründlich und durchdringend. Gießen Sie dabei direkt in den Wurzelbereich am Fuß der Pflanzen. Regenwasser oder abgestandenes, temperiertes Wasser aus einer Tonne sind pflanzenfreundlicher als »totes«, kaltes Leitungswasser. Bei großen Rosenbeeten müssen Sie notfalls zum Schlauch greifen. Das ist aber immer noch besser als die Beregnung von oben.
Wenn trotz guter Pflege einmal Schädlinge oder Krankheiten an Ihren Rosen auftauchen, dann können Sie sich mit den folgenden Mitteln helfen.

Läuse

Lavendel als Nachbarpflanze wehrt Läuse von den Rosen ab. Ein kräftiger Guss Brennnessel-Jauche hilft, wenn die ersten Läuse auftauchen. Zu Beginn der Plage können Sie mehrmals hintereinander mit Brennnessel-Kaltwasserauszug (Rezept Seite 43) spritzen. Auch Wermut-Tee oder Farnkraut-Brühe hilft in dieser Situation.
Kräftige Blätter mit festem Gewebe sind bei Läusen nicht beliebt. Eine Blattdüngung mit Algenpräparaten stärkt das Laub und wirkt vorbeugend gegen eine Läuseinvasion. Kleinere Kolonien können Sie mit einem Wasserstrahl abspritzen oder zerdrücken.
Wenn durch ungünstige Witterung oder während der Umstellung eines Gartens auf die biologische Methode einmal eine

Rosen und Lavendel bilden eine malerische Duft- und Farbkomposition, die auch einen praktischen Pflanzenschutz-Aspekt hat: Der Geruch des Krautes vertreibt Läuse.

Wenn Ihnen der »ordinäre« Knoblauch im Rosenbeet nicht gefällt, dann setzen Sie ein attraktiveres Familienmitglied zur Pilzabwehr ein: den Schnittknoblauch *(Allium tuberosum)*. Er ist zart und besitzt hübsche weiße Blüten, die sogar sanft duften.

schlimme Läuseplage auftritt, dann können Sie sich durch eine Spritzung mit umweltfreundlichen und nützlingsschonenden Niembaum-Präparaten helfen. Quassia-Brühe, Schmierseifen-Brühe oder ein käufliches Pyrethrum-Präparat sollten nur in extremen Notfällen benutzt werden, weil sie Nützlinge gefährden.

Echter Mehltau

Er zeigt sich durch einen mehligen, weißen Belag auf den Blättern und an den Blütenknospen. Spritzen Sie vorbeugend mehrmals mit Schachtelhalm-Brühe. Knoblauch-Tee oder Knoblauch-Zwiebel-Jauche wehren gleichfalls diese Pilzkrankheit ab. Wenn Ihnen die Kombination gefällt, können Sie Knoblauch als pilzabwehrende Mischkultur direkt zwischen die Rosen pflanzen.

Sobald die Krankheit ausgebrochen ist, wirken nur noch

Mehltaubelag auf den Blättern kann die Freude an schönen Rosen verderben. Achten Sie auf sonnigen Standort und resistente Sorten.

Gegen den Sternrußtau helfen vor allem vorbeugende Spritzungen und die Auswahl von Sorten, die an das Klima angepasst sind.

Präparate, die Netzschwefel enthalten, oder das pflanzliche Fungizid BioBlatt-Mehltaumittel (siehe Tabelle Seite 51).

Rost

Bei dieser Pilzerkrankung erscheinen rostbraune und gelbe Flecken auf den Blättern. Durch Mulchen, gesunde Sortenwahl und Mischkultur beugen Sie vor. Außerdem helfen regelmäßige Spritzungen mit Schachtelhalm-Brühe.
Kranke Blätter sollten Sie sofort absammeln und vernichten. Einige biologische Handelspräparate, die die Blätter kräftigen, sind ebenfalls hilfreich. Dazu gehören zum Beispiel Algenprodukte und Steinmehl.

Sternrußtau

Diese Pilzerkrankung erkennen Sie an runden schwarzbraunen Flecken auf den Blättern, die an den Rändern sternförmig ausstrahlen. Wenn die Infektion sich stark ausbreitet, färben sich die Blätter gelb und fallen in großen Mengen ab. Oft stehen Rosensträucher dann im Spätsommer schon fast »nackt« da. Sammeln Sie kranke Blätter unbedingt ein, damit die Pilzsporen sich nicht verbreiten und im Boden überwintern können. Wenn längere Zeit kühles Regenwetter herrscht, kann sich der Sternrußtau besonders schnell ausbreiten.
Vorbeugend wirken Spritzungen mit Schachtelhalm-Brühe. Streuen Sie außerdem reine Holzasche zwischen die Rosen. Sie wirkt desinfizierend.
Die im Handel erhältlichen biologischen Pilzmittel und auch allgemein stärkende Präparate (siehe Tabelle Seite 51) müssen auf jeden Fall öfter und möglichst bereits vorbeugend gespritzt werden.
Rosen an luftigen, sonnigen Standorten sind weniger anfällig für eine Infektion mit Sternrußtau. Es gibt auch resistente Sorten. Achten Sie darauf bei der Auswahl. Vor allem in regenreichen Landstrichen kann die Beschränkung auf widerstandsfähige, gesunde Sorten Ihnen viel Kummer ersparen.

Gesunde Tomaten

Die Tomaten stammen aus Mittelamerika und brauchen deshalb auch bei uns viel Sonne und Wärme. An feuchten, schattigen Plätzen werden die »Liebesäpfel« der Azteken mit Sicherheit kümmerlich wachsen und anfällig für Krankheiten werden.
Wählen Sie für eine gesunde Tomatenkultur auf jeden Fall ein geschütztes, sonniges Beet aus. Ideal ist auch der Standort vor einer weißen Wand, die die Sonne reflektiert und so für zusätzliche Wärme sorgt.

Nässe und Kälte machen Tomaten krank

Die schlimmsten Tomatenkrankheiten werden durch Nässe begünstigt. Wenn zum Dauerregen noch kühle Temperaturen hinzukommen, ist die Katastrophe kaum noch zu vermeiden. Bei nasskalter Witterung breitet sich vor allem die Kraut- und Braunfäule schnell aus. Pflanzen Sie deshalb in besonders betroffenen Landschaften (z. B. Mittelgebirgslagen) Tomaten bereits im Frühling unter einem schützenden Dach aus.
Ein Lattengestell, das mit Kunststoff-Folie bespannt wird, leistet

Ein schützendes Dach aus Frühbeetfenstern hält Regen von den Tomaten fern und sorgt für intensive Wärmestrahlung.So entstehen gesunde Wachstumsbedingungen.

gute Dienste. Diese Konstruktion hält den Regen ab und sorgt gleichzeitig für verstärkte Wärme. So wird durch günstige Wachstumsbedingungen die Widerstandsfähigkeit gegenüber der gefürchteten Pilzinfektion gestärkt.

Immer hungrig und durstig

Tomaten sind große »Fresser« und »Säufer«. Sie brauchen guten, nährstoffreichen Boden und viel Feuchtigkeit. Versorgen Sie die Pflanzen mit reichlich Kompost und einem organischen Dünger. Dazu eignen sich zum Beispiel verrotteter Mist, getrockneter Rinderdung, echter Guano oder Hornspäne.

Tomaten gedeihen gut in großen Töpfen. Der Vorteil: Sie können die Pflanzen leicht an einen warmen, geschützten Platz stellen.

Achten Sie bereits beim Samenkauf auf Sorten, die nicht krankheitsanfällig sind. Dazu gehören auch alte Sorten wie die 'Rose von Bern', die bewährte 'Königin von St. Marthe', die attraktiv gestreifte 'Tigerella' und die neue F_1-Hybride 'Luxor'.

Vom Frühsommer bis zum Spätsommer sollten Sie noch mehrmals für flüssigen Nahrungsnachschub sorgen. Pflanzenjauche aus Brennnesseln und Beinwell ist dafür besonders empfehlenswert.
Bei Trockenheit müssen Tomaten durchdringend gewässert werden.
Eine Mulchdecke oder bodendeckende Mischkulturen tragen ebenfalls dazu bei, die Erde unter den Tomatenpflanzen feucht zu erhalten.
Verwenden Sie zum Mulchen soweit wie möglich Tomatenabfälle (Geiztriebe oder Blätter). Denn dieses Nachtschattengewächs fühlt sich in seinem eigenen »Dunstkreis« am wohlsten.

Die besten Nachbarn

Die folgenden Mischkulturen tragen gleichfalls zu einer harmonischen Entwicklung der To-

maten bei: Petersilie, Sellerie, Kohlarten, Salat, Knoblauch und Lauch sind günstige Nachbarn für die roten Paradiesäpfel. Neuseeländer Spinat oder Kapuzinerkresse bilden unter den Tomaten eine Bodendecke, die die Erde feucht hält.
Ungünstig wirkt sich die Nachbarschaft von Fenchel, Kartoffeln, Erbsen oder Gurken aus. Solchen wachstumshemmenden Kombinationen können Sie leicht aus dem Weg gehen.
Alle bisher beschriebenen Kulturtipps fördern eine gesunde Entwicklung und stärken die Pflanzen gegenüber Schädlingen und Krankheiten. Im Notfall helfen Ihnen die folgenden Ratschläge weiter.

Frische, unpasteurisierte Magermilch oder Molke wird 1:1 mit Wasser vermischt. Spritzen Sie mit dieser Brühe die Tomatenpflanzen gründlich einmal pro Woche ein. Es ist empfehlenswert, mit dieser vorbeugenden Behandlung schon früh bei jungen Pflanzen zu beginnen. Dann wirkt die Magermilch-Spritzung gegen Blattkrankheiten der Tomaten, vor allem gegen Pilzinfektionen.

Tomaten-Stängelfäule

Wenn die Tomatenpflanzen schon groß und kräftig gewachsen sind, kann mitten in der Vegetationszeit eine gefährliche Pilzerkrankung zuschlagen. Am unteren Teil des Haupttriebes bilden sich schwärzliche, eingesunkene Flecken, die auch rund um den Stängel laufen können. Hier hat die Pilzinfektion die Leitungsbahnen unterbrochen. Die erkrankten Tomatenpflanzen welken ganz plötzlich, die Früchte werden dunkel und notreif.
Auf schweren Böden und bei nassem Wetter sind Tomaten durch die Stängelfäule besonders gefährdet. Auch eine zu starke Mistdüngung fördert die Krankheit.
Der Pilz kann mit dem Saatgut übertragen werden. Er überlebt an Stützpfählen und Pflanzenresten am Boden. Kranke Pflanzen müssen deshalb sofort entfernt und vernichtet werden. Säubern Sie Holzpfähle oder andere Stützstäbe sehr gründlich. Achten Sie auf gesundes Saatgut und düngen Sie nicht übermäßig mit Mist. Wo die Krankheit zum Ausbruch gekommen ist, da sollten Sie im folgenden Jahr den Standort der Tomaten wechseln.

Die Kraut- und Braunfäule hat diesen Tomaten schon heftig zugesetzt. Regen und Kälte fördern diese Pilzkrankheit.

Kraut- und Braunfäule

An den Blättern und Stängeln der Tomaten zeigt sich diese Pilzkrankheit durch braune Flecken. Das Kraut vertrocknet bei warmer Witterung, bei Regenwetter verfault es. Auf den Früchten bilden sich zuerst helle, später braune bis schwärzliche Flecken. Die Tomaten werden hart und faulen. Naßkaltes Wetter begünstigt und beschleunigt die Krankheit.
Pflanzen Sie Tomaten nicht neben Kartoffeln an, weil die Krautfäule sich von der einen zur anderen Frucht übertragen kann. Vorbeugend wirken blattstärkende Spritzungen mit Schachtelhalm-Brühe oder Knoblauch-Zwiebelschalen-Tee. Hilfreich ist auch das Bestäuben der Blätter mit Algenkalk oder Gesteinsmehl.

Im Handel gibt es verschiedene Algenpräparate und andere Mittel, die bei Pilzerkrankungen angewendet werden können (siehe Tabelle Seite 52). Sie müssen sofort beim Auftreten der Krautfäule dreimal wöchentlich in kurzen Abständen gespritzt werden.

Sprühen Sie die pilzabwehrenden Präparate wie Zwiebelschalen-Tee, Schachtelhalmbrühe und entsprechende Handelsprodukte auch über den Boden, denn die Pilze überwintern in der Erde! Deshalb ist es auch wichtig, dass Sie krankes Laub so rasch wie möglich entfernen und vernichten. Auch die Stützpfähle müssen gründlich gereinigt werden.

Sehr wichtig: Schützen Sie Tomaten vor Nässe! Ein möglichst trockener, sonnig-warmer Standort macht die Pflanzen weniger anfällig für die gefürchtete Kraut- und Braunfäule.

Gesunde Erdbeeren

Zu den heimischen Wildpflanzen gehören die aromatischen kleinen Walderdbeeren. Sie gedeihen am Rande des Mischwaldes und auf sonnigen, geschützten Lichtungen. Dort ist die Erde humusreich, leicht sauer und immer mit Laub bedeckt. Ähnliche Wachstumsbedingungen lieben auch die Erdbeeren im Garten.

Vorbild Wald-Heimat

Halten Sie sich bei der Anlage und der Pflege eines Erdbeerbeetes stets die Wald-Heimat der süßen Beeren vor Augen, dann werden Sie ihnen ganz von selbst naturgemäße Bedingungen schaffen.

Die Pflanzen brauchen ein sonniges, geschütztes Beet, lockere Erde und leicht sauren Humus. Geben Sie ihnen reichlich Kompost, und bedecken Sie den Boden während des ganzen Jahres mit einem sauer reagierenden Material. Dazu eignen sich besonders Laub, Rindenabfall, zerkleinerter Baumschnitt, Nadelstreu oder Hobelspäne. Wo solche Abfälle nicht vorhanden sind, da können Sie auch Stroh oder Grasschnitt verwenden.

Bei dieser Pflege gedeihen Erdbeeren sehr harmonisch. Sie bleiben widerstandsfähig gegenüber Krankheiten und bilden auffallend süße, aromatische Früchte.

Auch die richtige Ernährung trägt zu einer gesunden Entwicklung bei. Erdbeeren werden nach der Ernte gedüngt. Dazu können Sie im naturgemäßen

Eine dicke Strohmulch-Decke zwischen den Erdbeerreihen schützt die Früchte vor Nässe und Grauschimmel. Auch Schnecken werden durch das sperrige Material abgewehrt.

Garten gut verrotteten Rindermist, getrockneten Rinderdung oder Hornspäne verwenden. Im Handel werden auch biologische Erdbeer-Spezialdünger angeboten. Günstig wirken sich auch Laubkompost und Brennnesseljauche auf die Gesundheit aus. Mit natürlichen Spritzmitteln und krankheitsabwehrenden Mischkulturen können Sie noch zusätzlich für gesundes Wachstum sorgen.

Grauschimmel

Erdbeeren sind besonders anfällig für den Grauschimmel. Er zeigt sich durch einen grauen Schimmelbelag auf den Blättern, vor allem aber auf den Früchten. Das Gewebe stirbt ab; die Beeren werden ungenießbar.

Diese Erdbeeren sind durch Grauschimmel verdorben. Alle kranken Früchte müssen entfernt werden, um die Pilzinfektion zu stoppen.

Gegen diese Pilzkrankheit sollte möglichst vorbeugend gehandelt werden. Setzen Sie zwischen die Erdbeerpflanzen innerhalb der Reihe Zwiebeln oder Knoblauch als pilzhemmende Mischkultur.

Besondere Gefahr besteht in nassen Jahren. Wenn die Erdbeeren weit und luftig gepflanzt werden, ist die Infektionsgefahr geringer. Auch lockere Erde und Mulch tragen zur Widerstandsfähigkeit der Kultur gegenüber dem Grauschimmel bei. Wenn Sie den Boden zwischen den Pflanzen mit Stroh abdecken, bleiben die Früchte trocken und sind dadurch weniger gefährdet. Strohmulch hält auch die Schnecken fern.

Spritzen Sie vorbeugend mehrmals mit Schachtelhalm-Brühe. Kräftigend und gesundend wirkt auch eine flüssige Düngung mit Brennnessel-Jauche, unter die Sie zusätzlich Zwiebel-Brühe mischen können. Vorbeugend können Sie auch Bio-Spezialpräparate verwenden, die im Fachhandel angeboten werden. Eine Reihe käuflicher Mittel, die allgemein gegen Pilzerkrankungen eingesetzt werden, finden Sie in der Tabelle Seite 51.

Wenn der Grauschimmel auftaucht, müssen Sie alle kranken Pflanzenteile regelmäßig entfernen und vernichten. Versorgen Sie dann die Pflanzen direkt nach der Blüte mit einer besonders reichlichen Portion Kompost.

Der Erdbeerblütenstecher ist ein kleiner Rüsselkäfer, der seine Eier in die Blütenknospen legt und dann den Stängel ansticht. Er knickt ab, die Knospe vertrocknet.

Erdbeerblütenstecher

Wenn die Blütenknospen eintrocknen und abfallen, ist der Erdbeerblütenstecher am Werk. Die Weibchen haben ihre Eier in geschlossenen Blütenknospen abgelegt. Darunter stechen Sie den Blütenstiel an. Aus der welken, abgefallenen Knospe

schlüpfen bald darauf die Larven der Käfer. Sammeln Sie deshalb alle angestochenen Blüten rechtzeitig ein, damit die Vermehrung gestoppt wird.
Sie können den kleinen Käfer rechtzeitig abschrecken, wenn Sie im Frühling mit Farnkraut mulchen. Bei den ersten Anzeichen sollten Sie mit Rainfarn-Tee spritzen. Nach der Ernte sprühen Sie dieses Kräuterpräparat noch einmal über die Erdbeerpflanzen und den Boden. Der Erdbeerblütenstecher gehört zu den Rüsselkäfern. Deshalb können Sie auch die im Handel angebotenen Nematoden gegen Dickmaulrüssler einsetzen (Bezugsquellen finden Sie im Anhang unter »Käufliche Nützlinge«).
Da der Erdbeerblütenstecher nie zu einer bedrohlichen Plage wird, ist im Hausgarten der Einsatz stärkerer Mittel im allgemeinen nicht nötig.

Gesunde Beerensträucher

Stachelbeeren, Johannisbeeren, Himbeeren und Brombeeren sind in Nord- und Mitteleuropa zu Hause. Ihre wilden Vorfahren wuchsen am Waldrand, auf warmen Lichtungen oder in Auenwäldern. Himbeeren und Brombeeren finden Sie noch heute an solchen Plätzen.

Naturgemäße Standortbedingungen

Alle unsere heimischen Beerensträucher gedeihen an ihren natürlichen Standorten an sonnigen oder leicht schattigen Stellen. Größere Bäume oder Sträucher halten kalte Winde ab, stehen aber weit genug entfernt, damit genügend Licht und Wärme den Beeren zugute kommt. Der Boden zu Füßen der wilden Beerensträucher ist stets bedeckt mit einem lockeren Teppich aus Laub, Wildkräutern und Gräsern. Darunter bleibt die Erde feucht und durchlässig.
Wenn ein Bio-Gärtner in seinem Beerengarten versucht, ähnliche Bedingungen zu schaffen wie an den natürlichen Heimatstandorten, dann hat er bereits die wichtigsten Voraussetzungen für gesundes Wachstum erfüllt. Manche Krankheit an Him-

Johannisbeeren sind nicht anspruchsvoll. Sie wachsen gesund und tragen reich, wenn der Gärtner für einen naturgemäßen Standort sorgt. Eine sonnige Lage ist optimal. Schwarze Johannisbeeren sind robuster als rotfrüchtige Sorten.

beeren oder Johannisbeeren hat ihre Hauptursache in naturwidrigen Kulturmethoden.
Pflanzen Sie **Johannisbeeren** an sonnige, geschützte Plätze. Sie gedeihen zum Beispiel gut an warmen Hängen im Schutz von Obstbäumen. **Stachelbeeren** vertragen etwas mehr Schatten, aber in der Sonne reifen süßere Beeren. Diese Sträucher wachsen gern auf lehmigen, etwas kalkhaltigen Böden. **Himbeeren und Brombeeren** lieben feuchte, humusreiche Erde, die dem leicht sauren Waldboden gleicht. Himbeeren sind allgemein etwas anfälliger für Krankheiten, während Brombeeren sehr robust und anspruchslos wachsen.

Eine lebendige, nährstoffreiche Bodendecke bildet eine Gründüngungseinsaat aus Perserklee oder Sommerwicken unter der Himbeerhecke. An den Wurzeln dieser Leguminosen sammeln sich Stickstoffknöllchen. Die grüne Pflanzendecke schützt den Boden. Sie friert über Winter ab und bleibt als Mulch liegen. Auch Ringelblumen sind als Unterkultur zu Himbeeren empfehlenswert.

Eine Mulchdecke zwischen den Himbeerreihen ist eine wichtige Pflegemaßnahme, die gesundes Wachstum fördert und Krankheiten vorbeugt.

Mulchdecken stärken die Gesundheit

Alle Beerenpflanzen werden im naturgemäßen Garten mit reichlich Kompost und organischem Dünger versorgt. Die wichtigste Pflegemaßnahme aber, die vielen Krankheiten vorbeugt, ist eine Mulchdecke, die während des ganzen Jahres unter den Sträuchern liegen muss. Diese Schicht aus organischem Material, das sich langsam in Humus umsetzt, hält die Erde immer feucht und locker. Sie schützt auch die flach wachsenden Wurzeln der Sträucher.

Als Bodendecke unter Johannisbeeren und Stachelbeeren eignen sich Stroh, Grasschnitt, zerkleinerte Brennnesseln, Comfreyblätter, abgeschnittene Gründüngung, Laub oder holzige Abfälle.
Unter Himbeeren und Brombeeren kommen Laub, Hobelspäne oder zerkleinerte Zweige dem Waldbodencharakter am nächsten. Sie können aber auch mit Stroh mulchen oder Nadelkompost unter die Sträucher streuen.

Vergessen Sie die Schere nicht!

Regelmäßiger Schnitt trägt wesentlich zur Gesundheit aller Beerensträucher bei. Für Stachelbeeren und Johannisbeeren ist ein luftiger Aufbau wichtig. Sträucher, bei denen die Zweige dicht ineinanderwachsen, so dass weder Luft noch Licht ins Innere gelangen, sind anfällig für Krankheiten und Schädlinge. Bei den Himbeeren müssen jedes Jahr die abgetragenen Ruten tief am Boden abgeschnitten werden. Auch bei den Brombeeren gehört der regelmäßige Schnitt zu den wichtigsten Pflegemaßnahmen. Anderenfalls entsteht in kurzer Zeit ein unentwirrbares Dornengestrüpp.

Die Johannisbeer-Blasenlaus verursacht dieses auffällige Schadbild, das vor allem an Roten Johannisbeeren zu finden ist.

Die richtige Sortenwahl

Wählen Sie möglichst Züchtungen, die nicht krankheitsanfällig sind. Bei den Stachelbeeren gibt es zum Beispiel Sorten, denen der Mehltau »im Blut liegt«, aber auch mehltauresistente Züchtungen. Achten Sie auf solche widerstandsfähigen Sorten bei den Katalogbeschreibungen oder fragen Sie danach beim Kauf in der Baumschule.
Alle Beerensträucher, die unter naturgemäßen Bedingungen wachsen und die regelmäßig gepflegt werden, sind kaum anfällig für Krankheiten und Schädlinge. Wenn dennoch Schäden auftreten, dann helfen Ihnen die folgenden Mittel:

Säulchenrost an Johannisbeeren

Bei dieser Pilzkrankheit bilden sich an der Unterseite der Blätter gelbe, später rostbraune Flecken. Krankes Laub fällt ab, dadurch können in schlimmen Fällen die Stäucher frühzeitig kahl werden.
Vorbeugend pflanzen Bio-Gärtner einen Wermutbusch neben die Johannisbeeren. Spritzen Sie gefährdete Pflanzen mit Wermut-Tee oder vorbeugend öfter mit Schachtelhalm-Brühe. Auch Zwiebelschalen-Auszug oder Rainfarn-Tee hilft gegen den Rost (alle Rezepte finden Sie in der Tabelle Seite 41). Vorbeugend wirken auch einige im Handel erhältliche biologische Pilzpräparate (Tabelle Seite 51). Gießen Sie kranke Sträucher mit Brennnessel-Jauche. Wichtig ist es auch, die Beerensträucher regelmäßig zu schneiden, damit sie Luft und Licht bekommen. Alle kranken Blätter müssen sofort entfernt werden, damit die Infektion sich nicht ausbreiten kann.

Johannisbeer-Blasenlaus

Im Frühjahr siedeln sich hellgrüne Läuse an der Unterseite der Blätter an. Sie verursachen auffällige Blasen an der Oberseite, die dunkelrot gefärbt sind. Vor allem die roten Johannisbeeren werden von Blasenläusen geplagt.
Natürliche Feinde der Läuse sind Marienkäfer, Florfliegen, Schwebfliegen, Schlupfwespen, Vögel und viele andere Nützlinge. Achten Sie auf die Larven der hilfreichen Insekten!
Vorbeugend wirken außer dem Schutz der Nützlinge alle Maßnahmen, die auf natürliche Weise gesundes, kräftiges Wachstum fördern. Im übrigen besteht kein Grund zur Panik. Blasenläuse verursachen zwar auffallende Symptome aber keine ernsten Schäden. Bereits

Wenn Sie Säulchenrost an den Johannisbeeren entdecken, müssen Sie alle kranken Blätter möglichst schnell entfernen.

im Sommer verlassen die Insekten die Johannisbeersträucher wieder und wechseln auf einen Zwischenwirt.

Knospenfraß

Die sonst so nützlichen Vögel picken im Frühling gern die Knospen der Beerensträucher ab. Dieses Vergnügen wird ihnen verdorben, wenn die Knospen durch einen harten Überzug geschützt werden. Überspritzen Sie die Sträucher mit Wasserglas (Rezept Tabelle Seite 42). Auch im Handel erhältliche Rindenschutzmittel hüllen die Knospen fest ein.
Im Garten der Abtei Fulda hängt man als abschreckendes Mittel gegen die Vögel Knoblauchstückchen in die Johannisbeersträucher. Dieser interessante Tipp lohnt sicher ein Experiment, auch wenn Ursache und Wirkung noch ungeklärt sind.

Der Stachelbeer-Mehltau hat diese Früchte ungenießbar gemacht – höchste Zeit, die Triebe bis ins gesunde Holz zurückzuschneiden.

Die Himbeerrutenkrankheit ist hier schon so weit fortgeschritten, dass die Triebe absterben. Rechtzeitiger Schnitt beugt vor.

Stachelbeer-Mehltau

Der so genannte Amerikanische Stachelbeer-Mehltau zeigt sich durch einen filzigen, weißen Belag auf Triebspitzen, Blättern und Früchten. Im fortgeschrittenen Stadium färbt sich der Pilzbelag dunkel. Blätter und Triebspitzen sterben dann ab. Der ganze Strauch kümmert; die Früchte platzen auf und werden ungenießbar. Hochstämmchen sind weniger anfällig für diese Pilzkrankheit. Bei erkrankten Sträuchern müssen Sie die Spitzen so früh wie möglich bis ins gesunde Holz zurückschneiden. Mehltaukranke Pflanzenteile werden verbrannt!
Da die Pilze sowohl in den Triebspitzen der Pflanzen als auch in der Erde überwintern, spritzen Bio-Gärtner Farnkraut-Brühe frühzeitig über den Boden und die Pflanzen. Auch das Mulchen mit Farnkraut ist empfehlenswert.
Sie können gefährdete Sträucher auch mit einer Mischbrühe aus Schachtelhalm, Rainfarn und Brennnesseln spritzen. Systematische biologische Pflege, eine Mulchdecke und regelmäßiger Schnitt sind die beste Vorbeugung. Wenn die Krankheit ausbricht, können Sie auch die im Handel käuflichen biologischen Pilzmittel spritzen, die zum Teil Netzschwefel enthalten. Achten Sie beim Kauf auf mehltauresistente Stachelbeerzüchtungen!

Himbeerrutenkrankheit

Diese Pilzerkrankung zeigt sich zuerst durch graue, später violettbraune Flecken an den Zweigen. Im folgenden Jahr platzt die Rinde, und die Triebe sterben ab.
Alle kranken Pflanzenteile müssen radikal herausgeschnitten und verbrannt werden!

Eine leicht sauer wirkende Mulchdecke ist neben den anderen biologischen Kulturmaßnahmen die beste Vorbeugung, um den Ausbruch der Krankheit zu verhindern. Halten Sie außerdem die Pflanzung durch regelmäßigen Schnitt immer luftig. Vor allem die abgetragenen Ruten müssen regelmäßig entfernt werden. Achten Sie darauf, dass die Rinde nicht verletzt wird, denn Pilzsporen können durch Wunden leicht ins Holz eindringen.
Vorbeugend und zu Beginn der Krankheit sollten Sie öfter Schachtelhalm-Brühe spritzen. Auch eine Mischung aus Schachtelhalm und Brennnesseln ist hilfreich. Spritzungen der Himbeertriebe im Herbst oder zeitigen Frühling mit biologischen Handelspräparaten, die für den Stammanstrich verwendet werden, schützen vor dem Pilzbefall.

Gesunde Obstbäume

Die Grundlage für die Gesundheit der Obstbäume wird bereits bei der Sortenwahl gelegt. Pflanzen Sie nur solche Bäume in Ihren Garten, die im Klima Ihrer Heimat gut gedeihen. Auch die Bodenbeschaffenheit muss beachtet werden.

Grundlage der Gesundheit: die Baumscheibe

Im übrigen beugt ein Bio-Gärtner den meisten Krankheiten erfolgreich vor, wenn er unter seinen Obstgehölzen eine große Baumscheibe anlegt und auch die Stämme regelmäßig pflegt. Ein Obstbaum nimmt Wasser und Nahrung über das weit verzweigte Netz seiner Saugwurzeln auf. Diese liegen in den oberen Erdschichten, während die Verankerungswurzeln tief in den Boden reichen.
Ein Gärtner, der naturgemäß arbeitet, schützt, pflegt und nährt das Wurzelsystem der Bäume. Die Ausmaße entsprechen ungefähr dem Durchmesser der Krone. Diese Fläche sollte stets offen bleiben. Man nennt sie die Baumscheibe.
Versorgen Sie diese Fläche regelmäßig mit Kompost und organischem Dünger. Danach wird die ganze Baumscheibe mit Mulchmaterial abgedeckt. Dazu eignen sich Grasschnitt, Laub, zerkleinertes Unkraut, Brennnesselschnitt und andere organische Substanzen. Unter dieser Decke bleibt die Erde stets feucht. Auch in heißen Sommerwochen erhält der Baum genügend Wasser und Nahrung, um die große Fülle seiner Blätter

Eine gepflegte, möglichst große Baumscheibe ist die Grundlage für gesundes Wachstum der Obstbäume. Die Kapuzinerkresse dient als Bodendecke und Läuseabwehr zugleich.

Der Stammanstrich schützt die Bäume vor Frostrissen. Die Leimringe sind Fallen für Frostspanner. Auf den klebrigen Bändern bleiben aber auch nützliche Insekten hängen. Überlegen Sie deshalb, ob sich der Einsatz lohnt. Normalerweise richten Frostspanner keine lebensbedrohlichen Schäden an.

Rezept für Stammanstrich:
Hauptbestandteil ist eine lehmhaltige Brühe, die der Bio-Gärtner selber herstellen kann: Lehmerde oder Tonmehl wird mit Schachtelhalm-Brühe zu einer dicken Flüssigkeit verrührt. Als gesunde Zugabe kann man noch frische Kuhfladen (ohne Stroh), Algenkalk und Rainfarn-Tee daruntermischen.

und Früchte zu versorgen. Wo keine Wachstumsstockungen oder Mangelerscheinungen auftreten, da finden die Schädlinge keine lohnenden Ziele!
Auch eine lebendige Bodendecke aus Senfsaat, Steinklee, Kapuzinerkresse oder Gundelreben kann ein Bio-Gärtner auf der Baumscheibe wachsen lassen. Vom Frühling bis zum Sommer wird über die Baumscheibe zusätzlich noch Pflanzenjauche aus Brennnesseln oder aus einer Mischung von Brennnesseln und Beinwell gegossen. Diese Flüssigdüngung nährt und kräftigt die Bäume.

Stamm- und Rindenpflege

Im Herbst oder im zeitigen Frühling ist die günstigste Zeit für die Stamm- und Rindenpflege. Mit Hilfe eines dicken Malerquastes oder eines Handfegers wird die selbstgemischte Lehmbrühe oder ein im Handel käufliches Produkt über die Stämme der Obstbäume gestrichen. Sie soll einen hellen Überzug bilden. Um auch die höheren Zweige zu erreichen, muss die Flüssigkeit verdünnt werden, so dass sie durch eine grobe Düse ausgespritzt werden kann.
Der Stammanstrich schützt die Bäume vor plötzlichen Temperaturunterschieden und Frostrissen. Er heilt Wunden und glättet die Rinde. Wo die Oberfläche der Stämme nicht mehr rauh und rissig ist, da verlieren viele Schädlinge ihren Unterschlupf, vor allem über den Winter. Regelmäßiger fachmännischer Schnitt gehört schließlich auch noch zu den vorbeugenden Maßnahmen, die einen Obstbaum gesund erhalten.
Zum Schluss noch einige Bio-Tipps für spezielle Notfälle:

Frostspanner

Die Raupen fressen vom Frühling bis zum Juni an Blüten, Blättern und Früchten. Die Frostspanner-Weibchen, die nicht fliegen können, kriechen im

Die Raupe des Großen Frostspanners frisst Blätter von Obstbäumen und Beerensträuchern. Kahlfraß ist aber nicht zu befürchten.

Die schwarz gepunkteten Raupen der Gespinstmotten leben gesellig zusammen – gut geschützt durch ihr fein gesponnenes Netz.

Frühherbst an den Stämmen der Obstbäume hoch, um in der Krone die geflügelten Männchen zu treffen. Nach der Befruchtung legen sie ihre Eier in der Rinde ab. Bio-Gärtner binden ab September Leimringe um die Stämme, an denen sich die Falter fangen. Im Frühling werden diese Fallen verbrannt. Vorbeugend wirkt auch der Baumanstrich.

Gespinstmotten

An den Blättern von Apfel-, Quitten- und Pflaumenbäumen erscheinen feine Gespinste, in denen es von kleinen Räupchen wimmelt. Sie fressen Knospen und Blätter.
Zu den natürlichen Feinden zählen Vögel und Schlupfwespen. Wo ein Weißdornbusch in der Nähe wächst, da zieht er die Gespinstmotten an. Obstgehölze werden dadurch entlastet. Schneiden Sie die Gespinste möglichst früh ab und verbrennen Sie sie. Als Spritzmittel in der Not helfen Schmierseifen-Brühe oder nützlingsschonende *Bacillus-thuringiensis*-Präparate, solange die Raupen noch nicht im Gespinst geschützt sind. Die Tiere beginnen schon während des Blattaustriebs zu fressen. Erst nach der Blüte hüllen sie sich in die schützenden Gespinste ein. Nur bei starker Vermehrung sollten Spritzmittel in Erwägung gezogen werden. Meist hält sich der Schaden in Grenzen.

Schorf

Bei dieser Pilzkrankheit erscheinen vor allem in nassen Jahren an Äpfeln und Birnen schorfige, trockene Flecken. Anfangs erkranken die Blätter, sie trocknen ein und fallen ab. Später werden auch die Früchte infiziert. Oft zeigt sich der Schaden erst richtig bei der Lagerung. Vorbeugend wirken alle biologischen Pflegemaßnahmen. Pflanzen Sie außerdem Schnittlauch auf die Baumscheiben gefährdeter Gehölze. Stärkend und

Die Schorferkrankung macht die Schale der Äpfel unansehnlich, verdirbt die Früchte aber nicht.

vorbeugend sind Spritzungen mit Brennnessel-Jauche und Schachtelhalm-Brühe. Auch die im Handel angebotenen Präparate gegen Pilzerkrankungen können Sie benutzen (Tabelle Seite 51).
Schorf macht Blätter und vor allem die Früchte unansehnlich, aber er ist nicht gefährlich. Das kranke Laub kann kompostiert werden und die Früchte bleiben eßbar. Ein Bio-Gärtner fährt deshalb wegen äußerlicher Schönheitsfehler keine »schweren Geschütze« auf!

Kirschfruchtfliege

Die Kirschfruchtfliege ähnelt der Zimmerfliege. Sie kommt nur in warmen Süddeutschen Landschaften vor. Ab Mitte Mai bis

Die Kirschfruchtfliege ähnelt einer harmlosen Stubenfliege. Sie kann aber großen Schaden an der Kirschenernte anrichten.

Juli legt sie ihre Eier in unreife Kirschen, die sich gerade gelb färben.

Die ausschlüpfenden Maden zerfressen das Fruchtfleisch, die Kirschen faulen. Früh reifende Sorten sind weniger gefährdet. Zur Flugzeit der Kirschfruchtfliege (Ende Mai – Juni) hängen Bio-Gärtner am besten eine im Handel erhältliche Kirschfruchtfliegenfalle auf. Die gelbe Farbe lockt die Insekten an. Sie bleiben dann auf den mit einem Spezialkleber bestrichenen Scheiben hängen. Sammeln Sie diese Lockfallen sofort nach dem Ende der Flugzeit wieder ein, weil sie auch für andere Insekten gefährlich sind (Bezugsquelle s. Seite 50).

Eine andere Möglichkeit: Spritzen Sie bitteren Wermut-Tee 3 Wochen nach der Blüte über kleinere Bäume. Er schreckt die Kirschenfliege ab und hindert sie am Eierlegen. Später müssen Sie alle abfallenden Kirschen aufsammeln und vernichten, damit die verpuppten Maden nicht im Boden überwintern können.

Das Ziel ist wichtiger als die Mittel

Wenn Sie Ihren Garten konsequent und geduldig nach naturgemäßen Methoden bearbeiten, werden Sie mit der Zeit die hier beschriebenen Hilfsmittel immer weniger in Anspruch nehmen müssen. Dann stellt sich eine biologische Balance ein, die von selbst ausgleicht und heilt.

Allen Anfängern, allen Gärtnern in der Zeit der Umstellung und allen, die von unvorhersehbaren oder unvermeidbaren Übeln überfallen werden, sollen die hier gesammelten Rezepte und Bio-Tipps schnell und übersichtlich zur Verfügung stehen. Denn nur wer sich in der Not zu helfen weiß, der behält auch den Mut,

Ein fruchtbarer, blühender Garten kann mit den friedlichen Mitteln der Natur erreicht werden. Die Stärke eines Biogärtners liegt in seiner tieferen Einsicht.

weiter nach umweltfreundlichen, biologischen Methoden zu arbeiten.
Die Natur selbst bietet dafür das beste Beispiel: Sie ist unglaublich erfinderisch, wenn es ums Überleben geht. Gärtner, die naturgemäß arbeiten, sollten genauso handeln. Übernehmen Sie dabei nicht nur die überlieferten Rezepte. Beobachten und experimentieren Sie auch selbst. Nur so werden wir alle auf die Dauer neue, wertvolle Erkenntnisse hinzugewinnen.

Siegen ohne Krieg

Jeder Gärtner, der guten Willens ist und ein wenig Geduld aufbringt, kann seine Pflanzen mit naturgemäßen Mitteln gesund und (fast) schädlingsfrei erhalten.
Wichtig für eine Umstellung des Gartens ist aber nicht nur der Wechsel zu biologischen Methoden. Auch innerlich muss mancher Gärtner eine Kehrtwende machen. Wir alle leben in einer Zeit, in der es leicht ist, mit einem Knopfdruck oder einer Pille rasche Veränderungen zu verursachen. Unannehmlichkeiten werden sofort beseitigt. Geduld für langsame Umwandlungen erscheint manchem als Schwäche. An solche »Zumutungen« muss sich ein Bio-Gärtner gewöhnen. Seine Ergebnisse sind dafür dauerhafter als Augenblickserfolge.
Wer dagegen bei einer Läuseinvasion rasch mit Gift spritzt wird scheinbar rasch Erfolg haben. Äußerlich ist der Spuk in wenigen Minuten vorbei. Die heimlichen Folgen aber werden sich noch lange bösartig bemerkbar machen. Versucht der Gärtner dagegen, die Ruhe zu bewahren und zunächst einmal zu überlegen, warum dieses »Unglück« geschehen konnte, dann gewinnt er wichtige Einsichten in die tieferen Zusammenhänge. Er wird geduldig und nicht kurzsichtig handeln. Diese innere Ausgeglichenheit sollte in jedem Bio-Gärtner wachsen. Nur dann wird er eine echte biologische Balance auch im Garten gewinnen. Ziehen Sie also in Ihrem kleinen, grünen Reich niemals in den Krieg. Die Sanftmütigen und die Friedfertigen bleiben immer die Stärkeren – auch wenn es vorübergehend nicht so aussieht. Durch Zorn und Feindschaft ist noch nie etwas zum Besseren gewendet worden in der Welt. Auch im Garten sollten Sie deshalb nicht blind kämpfen, sondern überlegt und zielbewußt handeln.
Der wirkliche Sieg – ein gesunder Garten, der immer weniger Schädlings- und Krankheitsabwehr benötigt – gehört auf die Dauer denen, die geduldig und naturgemäß handeln.

auf einen blick

- Für die Gesundheit von Rosen sind naturgemäße Wachstumsbedingungen und richtige Sortenwahl wichtig. Gegen Läuse und Pilzerkrankungen helfen Nützlinge und natürliche Spritzmittel.
- Erdbeeren lieben Sonne und leicht saueren Humus. Pilzerkrankungen beugt eine Mischkultur mit Knoblauch und Strohmulch vor.
- Tomaten benötigen Wärme und reichlich Nahrung. Bei Regen und Kälte sind sie anfällig für Pilzinfektionen.
- Beerensträucher brauchen guten Humus, Bodendecken und Sonne. Regelmäßiger Schnitt ist wichtig. Gegen Insekten und Pilzkrankheiten gibt es natürliche Mittel.
- Bei Obstbäumen sind Standort und Sortenwahl wichtig. Eine gepflegte Baumscheibe und der Stammanstrich helfen vorbeugend gegen Schädlinge und Krankheiten.
- Nur tiefere Einsicht in die Zusammenhänge schützt Bio-Gärtner vor Kurzsichtigkeit.

Bezugsquellen und Adressen

Bio-Spezialfirmen mit Postversand

Keller GmbH & Co. KG
Biogarten und Gesundheit
Konradstr. 17
79100 Freiburg i. Br.
(Umfassendes Programm auf allen Gebieten)
www.biokeller.de

Niem-Handel GmbH
Waldstr. 3
64579 Gernsheim
(Große Auswahl von Niembaum-Produkten)
www.niem-handel.de

H.+W. Richter
Bio-Express
Zellerstr. 51
73275 Ohmden-T.
(Pflanzenschutz- und -pflegemittel »Ohmdener Stäubepumpe« für Steinmehl)
www.gaertnernohnegift.de

Snoek GmbH
Tannenweg 10
Mulmshorn
27356 Rotenburg (Wümme)
(Pflanzenschutz- und -pflegemittel, Schilfhäcksel)
www.snoek-naturprodukte.de

Österreichische Firmen:

BioCosmos
Ober Laaer Strasse 170
A-1100 Wien
(Pflanzenschutz- und -pflegemittel)
www.biocosmos.at

Bio-Furtner
Hauptstr. 5
A-3031 Rekawinkel
(Pflanzenschutz- und -pflegemittel)
www.bio-furtner.com

Schweizer Firmen:

Andermatt
Biocontrol AG
Stahlermatten 6
CH-6146 Grossdietwil
(Pflanzenschutz- und -pflegemittel, große Auswahl)
www.biocontrol.ch

Ledona AG
Ottigenbühlstr. 25
Postfach 1329
CH-6031 Ebikon / Luzern
(Bodenpflege, Pflanzenstärkung)

Biologische Pflanzenschutz- und -pflegemittel, die im örtlichen Fachhandel erhältlich sind

Celaflor GmbH
Konrad-Adenauer-Str. 30
55218 Ingelheim
(Pflanzenschutz- und -pflegemittel, Niembaum-Präparat)
www.celaflor.de

W. Neudorff GmbH KG
Postfach 1209
31857 Emmerthal
(Pflanzenschutz- und -pflegemittel, Dünger, Ferramol)
www.neudorff.de

Oscorna Dünger GmbH&Co.
Postfach 4267
89032 Ulm
(Pflanzenschutz- und -pflegemittel, Dünger)
www.oscorna.de

Gebr. Schaette KG
Postfach 1308
88331 Bad Waldsee
(Pflanzenpflegemittel, Milsana)
www.schaette.de

Carl Sperling & Co.
Saatzucht
Postfach 2640
21316 Lüneburg
(Sperli-Bodenkur und Gründüngung)
www.sperli-samen.de

Österreichische Firmen:

Bio-Furtner
Erzeugung und Großvertrieb für naturgemäßen Gartenbau
Hauptstr. 5
A-3031 Rekawinkel
(Pflanzenschutz- und -pflegemittel)
www.bio-furtner.com

Schweizer Firmen:

Ledona AG
Postfach 1329
CH-6031 Ebikon / Luzern
(Bodenpflege, Pflanzenstärkung)

Spezialprodukte für den naturgemäßen Pflanzenschutz

Schneckenzäune

Keller GmbH & Co. KG
Bio-Garten und Gesundheit
Konradstr. 17
79100 Freiburg i. Br.
(führt den Schweizer Schneckenzaun Bio Fix)
www.biokeller.de

Nisthilfen

(für Vögel, Fledermäuse, Igel und Insekten)

Schwegler Vogel- und Naturschutzprodukte GmbH
Heinkelstr. 35
73614 Schorndorf
www.schwegler-natur.de

Gemüsefliegennetze

W. Neudorff GmbH KG
Postfach 1209
31857 Emmerthal
www.neudorff.de

Steinmehl-Zerstäuber

Keller GmbH & Co. KG
Biogarten und Gesundheit
Konradstr. 17
79100 Freiburg i. Br.

H.+W. Richter
Bio-Express
Zellerstr. 51
73275 Ohmden

Nützlinge
(Raubmilben, Schlupfwespen, Gallmücken, Florfliegen, Australische Marienkäfer)

Institut für Gemüsebau
FH Weihenstephan
Am Staudengarten 7
85350 Freising
www.
fh-weihenstephan.de

W. Neudorff GmbH KG
Postfach 1209
31857 Emmerthal
www.neudorff.de

Öre Bio-Protect
Biologischer Pflanzenschutz GmbH
Neuwührener Weg
26–40
24223 Raisdorf
www.
nuetzlingsberater.de

Sautter und Stepper
GmbH
Rosenstr. 19
72119 Ammerbuch
www.nuetzlinge.de

Hatto Welte
Maurershorn 10
78479 Insel Reichenau
www.
welte-nuetzlinge.de

***Trichogramma*-Schlupfwespen**

AMW Nützlinge GmbH
Außerhalb 54
64319 Pfungstadt
www.
amw-nuetzlinge.de

Räuberische Nematoden
(gegen Dickmaulrüßler, Maulwurfsgrillen, Trauermücken, Schnecken)

W. Neudorff GmbH KG

Öre Bio-Protect

Sautter und Stepper
GmbH

Hatto Welte

(Adressen siehe unter Nützlinge)

Österreichische Fimen:

biohelp
Kapleigasse 16
A-1110 Wien

Schweizer Firmen:

Andermatt
Biocontrol AG
Stahlermatten 6
CH-6146 Grossdietwil
www.biocontrol.ch

Indische Laufenten
Laufentenseite:
http://home.a-city.de/
bruno.stubenrauch/
laufenten/

Sonderverein der
Laufentenzüchter
Deutschlands
Auskünfte und
Adressen über:
Redaktion
kraut & rüben
Stichwort »Laufenten«
Postfach 40 0580
80705 München

Kontaktadresse
Österreich:
Herrmann Stroblmair
Luegfeld 9a
A-4210 Gallneukirchen

Kontaktadresse
Schweiz:
Familie Zürcher-Huber
La Bataille
CH-1566 St.-Aubin

Stichwortverzeichnis

Seitenzahlen mit * verweisen auf Abbildungen, **fett** gesetzte Seitenzahlen sind Hauptverweisungen.

Bildnachweis:

Borstell: 74
Bühl: 14ol, 70u
Dittmer: 18l, 18r, 19, 33, 39, 43, 44u, 45, 46o, 47or, 57, 60, 61, 67o, 69u, 71o
Fischer, E.: 77o
Henseler: 14u, 46u, 63, 64, 69, 82ur, 86o
Kögel: 21
Pfau: 58o
Pfletschinger/Angermayer: 1, 27ol, 27u, 28u, 56u, 70o
Pforr: 13, 14or, 23, 26ol, 26ul, 26ur, 28ol, 29ur, 30l, 36m, 37u, 44o, 56o, 59m, 62, 68, 72ul, 75, 77u, 88u, 89ol
Redeleit: 11, 20, 48ol, 49, 53, 58u
Reinhard: 2/3, 4o, 4u, 5, 6, 8, 10, 12, 16, 22, 24, 25u, 25o, 30r, 32, 34, 35, 36o, 36u, 38, 47u, 48ur, 54, 59o, 66, 79u, 80, 81, 83, 88o, 90u
Reinhard/Angermayer: 9
Reithmeier: 15, 65, 67u, 72o
Schlüter: 29ul, 29or, 47ol, 55, 72ur, 78, 82ul, 85u, 85o, 86u, 89or
Sulzberger: 17, 27or, 37o, 59u, 73, 79o, 87
Sulzberger/Kopp: 84
Zunke: 7, 26or, 28or, 71u, 82or, 90o

Bibliografische Information Der Deutschen Bibliothek
Die Deutsche Bibliothek verzeichnet diese Publikation in der Deutschen Nationalbibliografie; detaillierte bibliografische Daten sind im Internet über http:// dnb.dnb.de abrufbar

2., durchgesehene Auflage

BLV Verlagsgesellschaft mbH
München Wien Zürich
80797 München

Umschlaggestaltung:
Studio Schübel, München

Umschlagfotos:
Borstell (Vorderseite oben)
Dittmer (Vorderseite unten und Rückseite)

Layoutkonzept Innenteil:
Studio Schübel, München

Lektorat: Dr. Thomas Hagen
Herstellung: Hermann Maxant

Layout und DTP: Anton Walter und DTP-Design Walter, Gundelfingen

Gedruckt auf chlorfrei gebleichtem Papier

Printed in Germany ·
ISBN 3-405-16056-1

Gärtnern nach den Regeln der Natur

Marie-Luise Kreuter
Der Biogarten
Das Original – jetzt als Neuausgabe: das unentbehrliche Standardwerk, verfasst von Deutschlands bekanntester Biogärtnerin; mit Beilage »Pflanzenschutz-Kompass« zum schnellen Bestimmen und Abwehren von Schädlingen und Krankheiten.

Inga-Maria Richberg
Altes Gärtnerwissen – Der Praxis-Ratgeber
Gartentipps aus alter Zeit: der Klassiker – jetzt ganz neu: Kenntnisse und Erfahrungen, mit denen bereits unsere Vorfahren erfolgreich gärtnerten – überprüft im Hinblick auf den heutigen Wissensstand.

Marie-Luise Kreuter
Pflanzenschutz im Biogarten
Pflanzen schützen ohne Gift: selbst gemachte und im Handel erhältliche biologische Pflanzenschutzmittel, Einsatz von Nützlingen und Mischkultur; alle wichtigen Schädlinge und Krankheiten sowie geeignete Abwehrmaßnahmen; Pflanzenschutztabellen.

Rolf Würthle (Hrsg.)
Homöopathie für Garten- und Zimmerpflanzen
Der einzige Ratgeber zum Thema – gesündere Pflanzen durch Homöopathie: Anwendung und Wirkung homöopathischer Mittel; Erfahrungsberichte zur Praxis im Obst- und Gemüsegarten, bei Rosen und Zimmerpflanzen.

Marie-Luise Kreuter
Kräuter · Kräuter · Kräuter
Das pfiffige Praxisbuch für den Kräuteranbau im Garten, auf Balkon, Terrasse und Fensterbank – mit Pflanzplänen.

Marie-Luise Kreuter
Kräuter und Gewürze aus dem eigenen Garten
Anlage des Kräutergartens, Gestaltungsbeispiele, Kräuter und Gewürzarten in ausführlichen Porträts.

blv garten plus
Marie-Luise Kreuter
Kräuter
Bodenvorbereitung, Anzucht, Pflanzung, Pflanzenschutz, Kräuterspezialitäten usw.; die 40 besten Kräuter mit Tipps zu Anbau, Ernte und Verwendung.

Im BLV Verlag finden Sie Bücher zu den Themen: Garten und Zimmerpflanzen • Natur • Heimtiere • Jagd und Angeln • Pferde und Reiten • Sport und Fitness • Wandern und Alpinismus • Essen und Trinken

Ausführliche Informationen erhalten Sie bei:

BLV Verlagsgesellschaft mbH • Postfach 40 03 20 • 80703 München
Tel. 089/12705-0 • Fax 089/12705-543 • http://www.blv.de